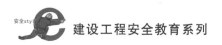建设工程安全教育系列

建设工程典型安全事故案例图析

黄浩垒 著

中国建筑工业出版社

图书在版编目（CIP）数据

建设工程典型安全事故案例图析 / 黄浩垒著 . —北京：
中国建筑工业出版社，2015.1
（建设工程安全教育系列）
ISBN 978-7-112-17645-8

Ⅰ.①建⋯ Ⅱ.①黄⋯ Ⅲ.①建筑工程 — 工程事
故 — 事故分析 — 图解 Ⅳ.①TU714-64

中国版本图书馆CIP数据核字（2015）第002963号

责任编辑：刘瑞霞
责任设计：李志立
责任校对：张 颖 关 健

建设工程安全教育系列
建设工程典型安全事故案例图析

黄浩垒 著

＊
中国建筑工业出版社出版、发行（北京西郊百万庄）
各地新华书店、建筑书店经销
北京京点图文设计有限公司制版
北京中科印刷有限公司印刷
＊
开本：880×1230 毫米 1/32 印张：11½ 字数：342 千字
2015 年 2 月第一版 2015 年 6 月第二次印刷
定价：58.00元
ISBN 978-7-112-17645-8
（26860）

版权所有 翻印必究
如有印装质量问题，可寄本社退换
（邮政编码 100037）

本书从近年来发生的诸多安全事故中精选106个代表性事故案例，绘制成漫画形式；先简介事故经过，然后分析事故发生的直接原因，再指出违反了哪些安全操作规程的具体条款，进而提醒施工一线从业人员应该吸取教训，从安全技术、安全知识、常识等方面教育广大一线工人如何避免和减少悲剧重演。

　　本书分为临时建筑工程、拆除工程、土石方工程、基础工程、主体结构工程和装饰安装工程六个部分，基本囊括了施工各个阶段的安全事故案例；后面三个附件部分是各工种、各机械设备安全操作规程及其他安全管理规定，方便读者查阅。

当今社会，早已进入读图时代，建设工程施工一线从业人员的安全图文教育也是如此。

当前，建设工程施工现场安全教育浮躁、流于形式，人的不安全行为、物的不稳定状态、"三违"等等，导致安全事故不断发生，造成令人痛心的悲剧和经济损失。我们更加意识到：安全教育、培训不到位就是最大的安全隐患。

笔者从近年来发生的诸多安全事故中精选 106 个代表性事故案例，绘制成漫画形式；先简介事故经过，然后分析事故发生的直接原因，再指出违反了哪些安全操作规程等具体条款，进而提醒施工一线从业人员应该吸取教训，从安全技术、安全知识、常识等方面教育广大一线工人如何避免和减少悲剧重演。

本书分为临时建筑工程、拆除工程、土石方工程、基础工程、主体结构工程、装饰安装工程六个部分，基本囊括了施工各个阶段的安全事故案例；后面三个附件部分是各工种、各机械设备安全操作规程及其他安全管理规定，方便读者查阅。

本书使用方法：先看整幅漫画，再阅读事故发生梗概，进一步深入分析事故直接原因，指出该事故、行为违反哪些安全技术操作规程具体条款（可据此查到附件中各工种、各机械设备安全技术操作规程以及安全管理规定的具体条款），最后点明避免事故重演的关键要点。

本书的 106 幅漫画是依据施工现场具体情境绘制而成，真实生动、浅显易懂，能够真正起到安全教育的作用，是施工现场一线操作工人及建筑施工安全管理人员理想的安全读本教材。

感谢中国建筑工业出版社、中铁四局集团建筑工程有限公司、合肥市建设工程质量安全监督站对我工作的大力支持，才使本书得以付梓。

因时间仓促，书中可能存在不足和错误，欢迎广大读者、同行、专家提出宝贵意见。本人电子邮箱：huang916132525@163.com。

目 录
CONTENTS

建设工程典型安全事故案例图析

建设工程典型安全

案例图析

1

临时建筑工程

案例 001　台风事故

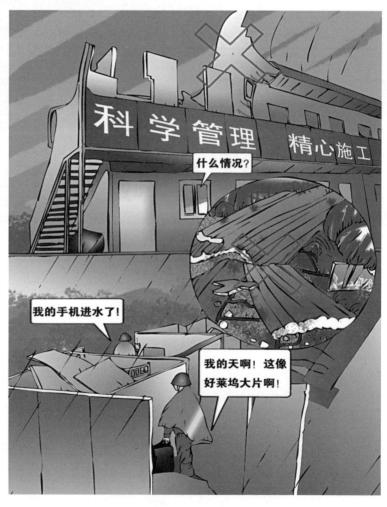

　　2006年×月×日，某市商品住宅小区 ** 工地，初夏一股台风把该工地临时宿舍、办公室屋顶揭开，抛入屋后基坑中，造成临建房屋损坏，直接经济损失达15万元。

事故直接原因

1. 该地区夏季多台风雷暴天气，且临建处于高坡位置；
2. 临时建筑屋顶没有防台风加固措施。

违反附件三 FSAQGL011 第十三条的第三款。

温馨提示

台风地区临时房屋

必须用钢管、地锚

加固！

临时建筑工程

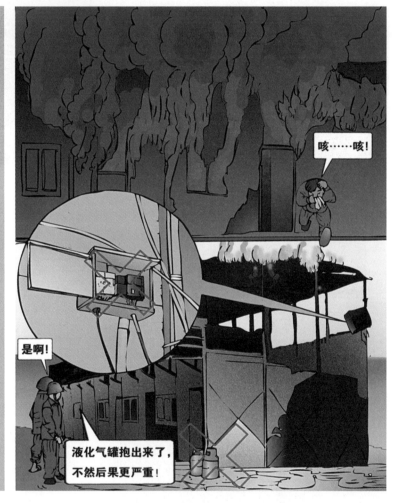

　　2013 年春节过后，各项目工程相继复工，某市 ** 工地生活区宿舍，因电线短路发生火灾事故，殃及周围建筑，造成直接经济损失 12.3 万元。

事故直接原因

1. 电路短路引火灾；

2. 生活区临时房屋耐火材料等级不符合规范要求。

违反附件三 FSAQGL009 第二条的第四款。

温馨提示

临时安全用电要保障，节后复工安全检查有必要！

临时建筑工程

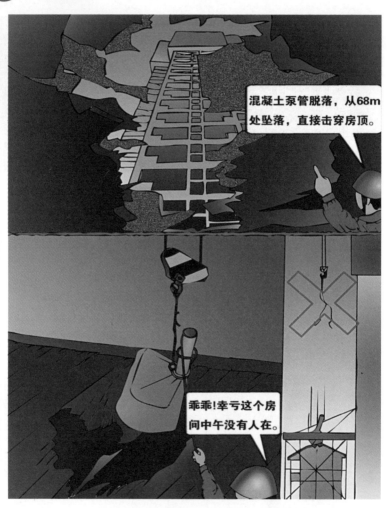

2006 年 × 月 × 日，某市商品住宅小区 ** 工地，因场地狭小，生活区宿舍距在建建筑物较近，施工中吊运混凝土泵管时，泵管脱钩坠落，直接砸中并击穿宿舍房顶，所幸当时宿舍没有人在，但造成直接经济损失 2.5 万元。

事 故 直 接 原 因

1. 生活区宿舍设置位置不当，距在建建筑物较近；

2. 司索人员无证上岗。

违反附件三 FSAQGL011 第十一条的第一款。

温馨提示

高空坠落半径范围

内禁止设置宿舍！

案例004 触电事故

2009年×月×日，某市区**工地职工宿舍内，木工李某在私接电源插座时，触电身亡。

事 故 直 接 原 因

1. 特种作业无证上岗;

2. 违章私接乱拉电源。

违反附件三 FSAQGL006 第一条;
　　　　　 FSAQGL009 第二条的第四款。

温馨提示

看不见、摸不着，

"电老虎"真咬

人！

建设工程典型安全

2

拆除工程

机 械 伤 害 事 故

拆 除 工 程

2008 年 × 月 × 日，某市区 ** 工地，在旧构筑物拆除过程中，一名拆除工在拾捡旧钢筋过程中，被工作中的挖掘机撞伤，经抢救无效死亡。

事故直接原因

1. 拆除工个人违章行为：现场拾捡废钢筋；

2. 拆除现场未封闭，挖掘机司机粗心大意。

违反附件三 FSAQGL012 第四条。

温馨提示

拆除现场、莫乱闯，

设置警戒区有必要！

　　2009 年 × 月 × 日，某市区 ** 工地拆除现场，两名工人配合拆除，因配合失误，持钢钎人员的手不慎被铁锤砸伤，造成 8 级伤残。

14

事故直接原因

1. 拆除人员疏忽大意抡锤失误；

2. 人工拆除人员未戴护手工具。

违反附件三 FSAQGL012 第二十四条。

温馨提示

人工拆除很危险，

防护工具要配齐！

案例 007　物体打击事故

　　2011 年 × 月 × 日，某市 ** 工地旧构筑物拆除现场，混凝土内钢筋需回收利用，一名操作工人用冲击钻破除剪力墙，崩飞的混凝土石块不慎射中自己眼部，致使该工人一目至瞎。

事故直接原因

1. 拆除工打冲击钻用力过猛；

2. 拆除工未佩戴护目（镜）罩。

违反附件二 FEJXSBAQ035 第一条的第一款。

温馨提示

打冲击钻要小心，

护目眼镜（罩）

时刻少不了！

拆除工程

　　2010 年 × 月 × 日，某市政道路改造现场，一名操作工人用风镐破除原有混凝土路面，崩射的混凝土块不慎射中旁边一名工友眼部，致使该工人一目至瞎。

事故直接原因

1. 风镐工作时，正前方 1.5m 范围正巧有人；
2. 施工未佩戴护目（镜）。

违反附件二 FEJXSBAQ033 第九、十七条。

温馨提示

风镐操作很危险，

旁边人员莫跟进！

安全styl

建 设 工 程 典 型 安 全

案例图析

3
土石方工程

土

石

方

工

程

　　2010 年 × 月 × 日，某隧道斜井施工现场，一辆土方运输车行驶至斜井入口处，液压控制系统失灵，车斗突然自升撞在斜井入口门楣，导致运输车辆、斜井入口门楣严重损坏。

事故直接原因

1. 车斗液压自动升降系统控制失灵；

2. 车辆带病连续作业。

违反附件一 FYGZAQ023 第三、十四条。

土石方工程

　　2012 年 × 月 × 日，某市郊区 ** 工地基础（依山坡而建）施工现场，爆破后人工清理基底，一名操作工人用电镐冲破岩石，崩飞的坚硬石屑不慎射中旁边一名工友眼部，致使该工人一目至瞎。

事故直接原因

1. 电镐工作时，正前下方 1.5m 范围正巧有人；

2. 施工人员粗心大意，未佩戴护目（镜）。

违反附件二 FEJXSBAQ034 第一、九款。

案例011 机械伤害事故

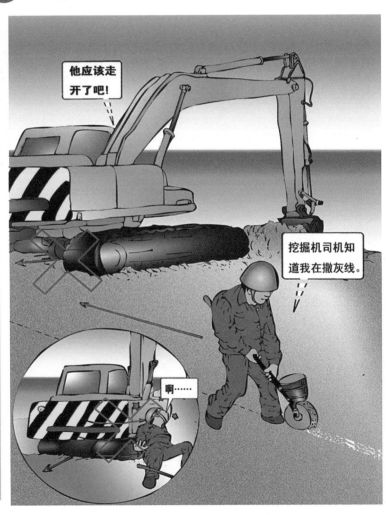

　　2010 年 × 月 × 日，某市经开区 ** 工地，"三通一平"施工，挖掘机施工中技术人员因需确定临时建筑地面位置，用石灰画线，误入挖掘机的回旋半径内，被后退而来挖掘机撞伤致残。

事故直接原因

1. 技术人员后退用石灰画线，未注意到已进入后方挖掘机回转半径内；
2. 挖掘机司机粗心大意，未注意到后方有人操作。

违反附件一 FYGZAQ024 第八条。

温馨提示

施工现场危险源无

处不在，操作时，

要留心施工环境是

否安全！

案例 012　机械伤害事故

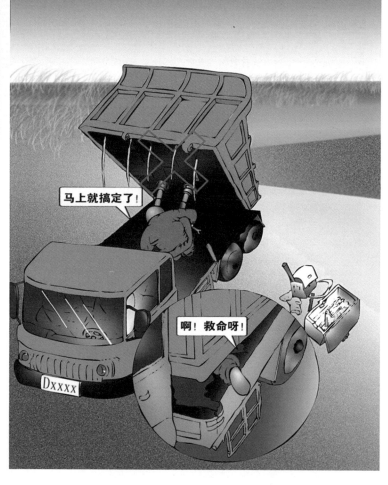

2010 年 × 月 × 日，某公司承建的地铁 3 号线工程项目；在该工程延安三路站，一名维修工维修土方运输车辆时因操作不当，被突然下坠的车斗箱压伤，经抢救无效死亡。

事 故 直 接 原 因

1. 维修工疏忽大意，维修时未把自动液压装卸系统关闭；
2. 维修工未采取防车斗箱下坠固定措施。

违反附件一 FYGZAQ014 第七、十一款。

温馨提示

机械维修要有专人

全过程监护！

物体打击事故

土石方工程

　　2010年×月×日,某市政道路施工,该施工现场运来一台空气压缩机,两名施工人员把空气压缩机卸下车,人工配合抬到所需地点,抬空气压缩机所使用木棍突然断裂,下坠的压缩机压在一名工人脚部,使之致10级伤残。

事故直接原因

1. 扛抬用的木棍强度差，直接断裂；

2. 施工人员没有自我保护意识。

违反附件二 FEJXSBAQ032 第十六条。

温馨提示

作业时，首先要检查使用的工具是否安全！

案例 014 机械伤害事故

　　2010 年 × 月 × 日，某市政道路 ** 工地，施工员魏某指挥扎碎机进行石块扎碎作业，因施工员魏某距石块较近，扎碎作业时，突然飞溅的碎石击中施工员魏某的左眼，使之致残。

事故直接原因

1. 施工员魏某距石块较近（5m）；

2. 扎碎机司机无证上岗，未等施工员走远就操作机械扎碎石块。

违反附件二 FEJXSBAQ048 第二条；
　　附件三 FSAQGL010 第三条。

温馨提示

扎碎石块作业时，

现场人员要保持10

米的安全距离！

案例 015　车辆伤害事故

　　2010 年 × 月 × 日，某市政道路 ** 工地，该施工现场运来一车回填土石，车辆司机未注意到车后有人，即进行自动卸车，从车上泻下的土石把车后一名正在回填施工的工人埋没，经抢救无效死亡。

事故直接原因

1. 施工人员忙于操作，未注意到身后土方卸车；

2. 土方卸车前，司机未鸣笛警示。

违反附件一 FYGZAQ023 第十六条。

温馨提示

施工环境危险多，

时刻留心别马虎！

建设工程典型安全

案例图析

4 基础工程

基础工程

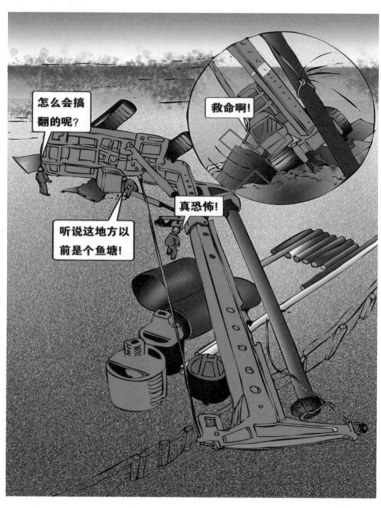

怎么会搞翻的呢？

救命啊！

真恐怖！

听说这地方以前是个鱼塘！

　　2010 年 × 月 × 日，某市政工程 ** 工地，该施工现场以前是围堰，在淤泥上铺上几块钢板后，旋挖机司机就开始旋挖作业，因软泥上铺设的钢板受力不均；造成旋挖机倾翻，所幸现场工人及时躲避无人伤亡。

事 故 直 接 原 因

1. 现场人员对现场地质情况估计不足，未对淤泥地段采取固化措施，盲目施工；

2. 旋挖机司机，未持证上岗。

违反附件一 FYGZAQ022 第一条的第(四)款。

温馨提示

施工现场作业环境

危险因素不明确，

不能盲目施工！

基础工程

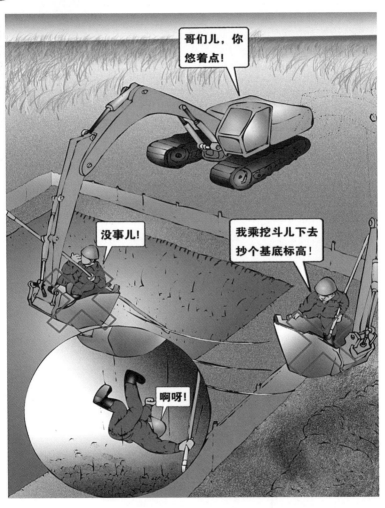

2010 年 × 月 × 日，某市政工程 ** 工地，单体构筑物基坑施工，挖至接近基底标高，测量人员因需测量基底标高深度，搭乘挖掘机挖斗进入基坑底面，在挖斗转移过程中，不慎从挖斗中坠落至基坑底，腿部致残。

事故直接原因

1. 测量人员违章，搭乘挖掘机挖斗；

2. 挖掘机司机违规操作，用挖斗载人；

3. 无专用斜道或梯子供人上下基坑。

违反附件二 FEJXSBAQ029 第二条；
　附件三 FSAQGL019 第十四条。

温馨提示

挖掘机挖斗载人很

危险，违章操作不

能干！

案例018 物体打击事故

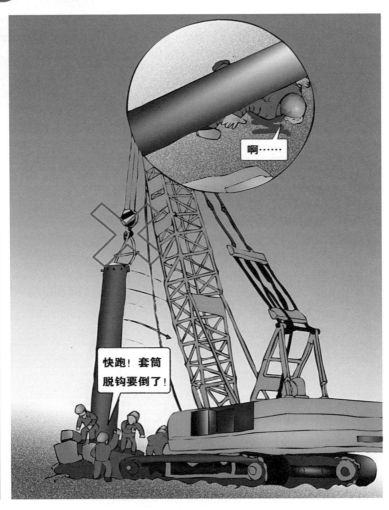

2012年×月×日，某市**工地，桩基施工，施工人员在用移动吊车安装缸套筒时，因套筒脱钩倒塌，一名施工人员来不及躲闪，不慎被倒下的套筒砸中，经抢救无效死亡。

事故直接原因

1. 吊钩保险装置已损坏；

2. 移动起重机司机无证上岗。

违反附件二 FEJXSBAQ004 第十七条的第五款。

温馨提示

移动式起重机要定

期检测不能带病作

业！

案例 019 模板坍塌事故

　　2010 年 × 月 × 日，某市 ** 工地深基坑高大模板施工，当混凝土浇筑至三分之二时，混凝土模板突然坍塌，三名混凝土工来不及避难，不慎被埋入塌陷的混凝土中致死。

事故直接原因

1. 高大模板支架未验收，立杆间距过大，没有水平及纵向剪刀撑；
2. 混凝土工违规采取柱、梁、板一起浇筑的工序。

违反附件三 FSAQGL018 第四、五、八条。

温馨提示

高大模板混凝土浇筑风险大，专家论证、验收一样也不能少！

案例 020　基坑坍塌事故

　　2010 年 × 月 × 日，某市 ** 工地近 8 米深的深基坑施工，施工人员正在基底清槽，基坑边正在进行钢筋原材堆卸，发生坍塌事故，四名工人被埋，经奋力抢救，两名工人受伤，另两名工人不幸死亡。

事故直接原因

1. 深基坑施工，未做土壁支护措施；
2. 基坑沿口周边附近堆放钢筋原材料，土壁失稳坍塌。

违反附件三 FSAQGL019 第六、八、九条。

温馨提示

基坑支护要保障，

沿口堆积重物很危

险！

基 坑 坍 塌 事 故

基 础 工 程

　　2010 年 × 月 × 日，某市区 ∗∗ 工地，人工挖孔桩作业人员莫某在拉扯被土体掩埋的潜水泵皮管时，由于用力过猛，将皮管拉断不慎跌落身旁的桩井内，经抢救无效死亡。

事故直接原因

1. 人工挖孔桩桩孔防护栏杆高度不够，盖板设置不严；

2. 作业人员安全意识薄弱，缺乏自我保护能力。

违反附件二 FEJXSBAQ037 第一、二条；
附件三 FSAQGL016 第五条。

温馨提示

临边洞口防护要到

位，一线人员作业

要小心！

案例 022 基坑坍塌事故

　　2010年×月×日，某市区 ** 工地孔桩施工，2名工人从一个桩口抬电动绞架到另一桩口，随后，来上班的工人就坠入刚被他们自己揭开盖板的5米多深的孔桩内，当场死亡。

事 故 直 接 原 因

1. 深 2 米以上的人工挖孔桩孔，无盖板防护措施；

2. 作业人员安全意识薄弱，缺乏自我保护能力。

违反附件三 FSAQGL016 第五条。

温馨提示

临边洞口防护要到

位，一线人员作业

要小心！

案例 023　物 体 打 击 事 故

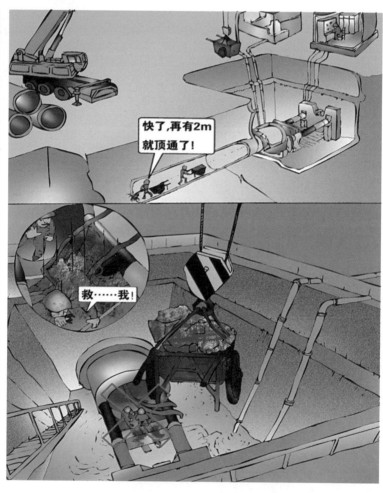

基础工程

2010 年 × 月 × 日，某市政 ** 工地顶管施工作业过程中，协作队伍施工人员擅自用小推车改造成吊斗，进行土石吊运，因焊接的吊耳突然断裂，垂直下方的一名施工人员未及时躲入顶管中，不幸被坠落的（小推车）吊斗砸中，当场死亡。

事故直接原因

1. 协作队伍施工人员擅自改造小推车为吊斗，吊耳为螺纹钢（易脆裂）；
2. 作业人员站在吊斗垂直下方，未进入顶管中躲避。

违反附件二 FEJXSBAQ004 第五条和第十七条的第五款。

温馨提示

吊运作业很危险

吊斗质量要满足

规范要求！

案例 024　基 坑 坍 塌 事 故

基础工程

　　2010 年 × 月 × 日，某市政 ** 污水处理项目工地，排污管道施工过程中，管线基坑开挖采用钢板桩支护，因施工时水平钢支撑存在高差，受力不对称，一侧基坑边坡出现滑移塌方，一名施工人员未来得及躲避，不幸被埋身亡。

事故直接原因

1. 边坡堆积管道距基坑过近，侧压力积聚；

2. 水平钢支撑存在高低差范围太大。

违反附件三 FSAQGL004 第六条；
　　　　　　FSAQGL019 第四条。

温馨提示

基坑边口禁止堆积

物件，一线作业人

员要小心！

案例 025　高处坠落事故

　　2010 年 × 月 × 日，某市政工程 ** 工地，两名施工人员同时进行基坑土壁混凝土喷射作业过程中，因一名工人未及时佩戴安全绳、吊板等高处作业防护工具即进行混凝土喷射作业，终因斜坡陡峭重心失稳而坠落身亡。

基

础

工

程

事故直接原因

1. 施工人员冒险作业；

2. 未佩戴安全绳、吊板等高处作业防护工具。

违反附件三 FSAQGL004 第四条。

案例 026　机械伤害事故

　　2010年×月×日，某市郊区**工地，现场工人违规用铲车调运钢管材料，因铲斗铲齿承受力差，卸车时一捆钢管突然坠地，一名卸料人员来不及躲避，腿部被砸致残。

事故直接原因

1. 冒险作业，违规用铲车调运重物；

2. 铲斗铲齿承受力差。

违反附件二 FEJXSBAQ026 第五条。

温馨提示

调运材料选用适当的运输工具，禁止用现场其他工具代替！

案例 027　触电事故

　　2010 年 × 月 × 日，某市高新区 ** 工地雨后室外管道焊接施工，一名管道施工人员拉着焊机二次回路线，往焊管上搭接时触电，倒地后将回路线压在身下触电身亡。

事故直接原因

1. 工人脚上穿的塑料底布鞋、手上戴的帆布手套均已湿透；

2. 裸露的线头触到戴手套的左手掌上，使电流在回线—人体—手把线之间形成回路，电流通过心脏。

违反附件二 FEJXSBAQ021 第三、十二条。

温馨提示

雨后电焊作业要小

心，随时检查绝缘

用品是否有效！

基础工程

　　2006 年 × 月 × 日，某市大学城新校区 ** 工地，两名施工人员配合操作锤式打夯机进行回填土夯实，因一名施工人员倒退操作，在进行墙边根部夯击时，脚无法再退，不慎被夯锤击中，脚部受伤。

事 故 直 接 原 因

1. 打夯时施工人员没有审视周围的操作环境；

2. 配合作业的工人精力不集中。

违反附件二 FEJXSBAQ020 第十三、十四条。

温馨提示

双人打夯作业要配

合，思想抛锚很危

险！

案例 029　基坑坍塌事故

基

础

工

程

　　2013 年 × 月 × 日，某市 ** 新火车站工地，6 米基坑（旁边即是临时便道）开挖后，便道经过基坑路段，因未按设计要求打锚杆，只是在土壁表面挂钢丝网片进行喷射混凝土就完工，当混凝土罐车经过时，发生坍塌翻车事故。

事故直接原因

1.临时便道经过的基坑路段，未按设计要求打锚杆；

2.混凝土罐车满载商品混凝土。

违反附件二 FEJXSBAQ013 第五条。

温馨提示

基坑路段必须按设

计要求采取加固措

施！

案例030　爆炸事故

　　20××年×月×日，某市政污水管道维修施工，三名工人在毫无防护措施下一边抽烟一边撬开窨井，管道年久，窨井内聚集的甲烷遇明火突然爆炸，导致三名工人一死两伤。

事故直接原因

1. 作业前，未对井下是否存在可燃气体进行检测；

2. 违章抽烟。

违反附件三 FSAQGL009 第五条的第三款。

温馨提示

井下作业很危险，

可燃气体检测早知

道，周围火源要杜

绝！

案例 031　窒息事故

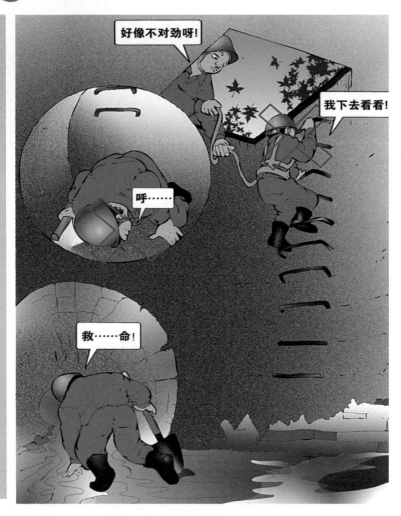

　　2012 年 × 月 × 日，某市政 ** 道排工地，污水管道维修施工，三名
工人在毫无防护措施情况下对深 6 米的旧雨水检查井进行清淤，不慎发生
2 人井下中毒死亡事故。

事故直接原因

1. 作业前疏忽大意未对井下是否存在沼气进行检测；

2. 未采取任何通风措施；

3. 下井的两名人员未佩戴供氧防护面罩。

违反附件三 FSAQGL020 第一、二、三、四条。

　　2010 年 × 月 × 日,某市政 ** 污水管网工地,一辆车满载污水管到货,三名装卸工卸车,旁边汽车吊车配合,一名工人在毫无防护措施下解开捆绑绳索和卡位铁销,混凝土管突然从车上滚落,一名工人躲闪不及,被管道砸中死亡。

事 故 直 接 原 因

1. 载重汽车堆积管道过高（达到七层）；

2. 装卸工不懂工作程序盲目卸掉卡位铁销。

违反附件三 FSAQGL010 第一、四条。

温馨提示

卸车工人要培训，

懂得卸车程序方可

操作！

　　2012 年 × 月 × 日，某市 ** 污水处理厂工地，设备管道安装施工，两名工人在用手动葫芦吊装管道法兰，因场地不平，吊装支架腿用废模板方木衬垫，在吊装过程中，支腿滑移，铸铁管道下砸，压在一名工人脚上，使其致残。

事故直接原因

1. 吊装支架腿违规用废模板方木衬垫不稳固；

2. 施工场地不平坦，存在高低差。

违反附件二 FEJXSBAQ043 第二、三条。

温馨提示

吊装支架腿垫衬材料要达到强度要求，且垫衬要稳固！

案例 034　物体打击事故

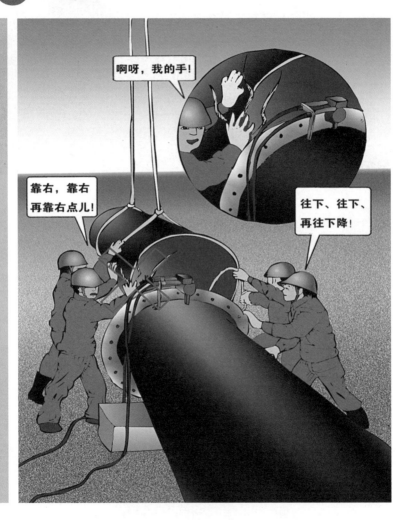

　　2010 年 × 月 × 日，某市政输油管道 ** 工地，四名安装工人进行管道法兰连接，在吊装过程中因指挥信号不清，配合失误，余某手来不及从两管间的缝隙抽出，被挤压致伤。

事故直接原因

1. 司索信号指挥工无证上岗，发出的指挥信号不清；

2. 安装工人配合失误。

违反附件一 FYGZAQ018 第二条；
　　附件二 FEJXSBAQ004 第四条。

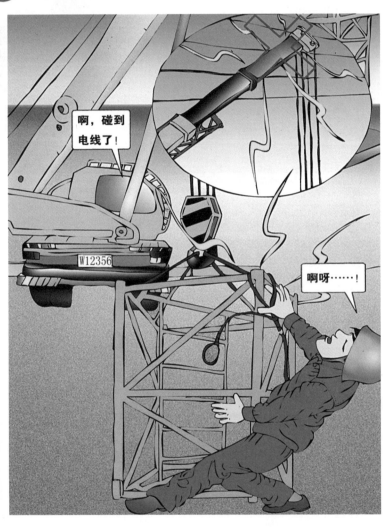

　　2010年×月×日，某市郊＊＊工地塔吊安拆现场，在拆除塔吊时，移动式起重机钢丝绳碰到上方10千伏高压线，致使地面拴绑钢丝绳的1名施工人员触电死亡。

事故直接原因

1. 移动式起重机司机违章作业，起重机械越过无防护设施的外电架空线路作业；

2. 高压线无防护措施。

违反附件二 FEJXSBAQ004 第七条。

案例 036　车辆伤害事故

　　2011年×月×日，某市开发区**工地，施工现场安排加班，急需运送砌筑材料，一名工人无证驾驶翻斗车，导致车翻人亡。

事故直接原因

1. 翻斗车司机无证上岗；

2. 司机粗心大意安全意识薄弱。

违反附件二 FEJXSBAQ025 第一条。

温馨提示

特殊工种作业必须

持证上岗，时刻要

牢记！

建 设 工 程 典 型 安 全

案例图析

5
主体结构工程

主体结构工程

　　2008 年 × 月 × 日，某市新站开发区 ∗∗ 工地钢筋工曹某在操作钢筋调直机时，身体被卷入运行中的传动装置未及时脱离，经抢救无效死亡。

事故直接原因

1. 机械传动部位缺少防护；

2. 作业人员装束不规范。

违反附件一 FYGZAQ004 第二十八条。

主体结构工程

　　2008 年 × 月 × 日，某市高新区 ** 工地，钢筋工曹某在操作钢筋切断机时，因被切钢筋长度小于规定尺寸，右手不慎被机械轧伤，造成 9 级伤残。

事故直接原因

1. 钢筋工违章操作擅自加工短钢筋;

2. 不听劝阻, 存在侥幸心理。

违反附件一FYGZAQ004 第十四条;
  附件二FEJXSBAQ007 第七条。

温馨提示

机械作业有危险,

违章操作要不得!

主体结构工程

　　2005 年 × 月 × 日，某市开发区 ** 工地电工范某在给钢筋机械设备接电线时，一名钢筋工擅自合闸，导致范某触电身亡。

事 故 直 接 原 因

1. 电工作业没有正确悬挂警示标牌；

2. 电工作业过程缺少监护。

违反附件三 FSAQGL006 第十二条。

温馨提示

警示告知很重要，

时刻留神不被害！

案例 040　触电事故

哎呀！哪地方漏电？

　　2011 年 × 月 × 日，某市开发区 ** 工地，钢筋加工区因配电箱进线端电线无穿管保护，长期使用被电箱进口处割破绝缘外皮，造成电箱外壳带电，致 1 名钢筋加工人员遭电击，经抢救无效死亡。

事故直接原因

1. 配电箱进线端电线无穿管保护，电线破皮，造成电箱外壳带电；

2. 电工维护不及时。

违反附件一 FYGZAQ010 第五条。

温馨提示

临时用电电工检查

维护很重要，一点

疏忽酿悲剧！

案例 041　机械伤害事故

要是不加班，木工机械的各种防护设施完备的话，就不会伤到手了。

老板说就是加班加点也要把这批模板制作完成。

　　2005 年 × 月 × 日，某市开发区 ** 工地，木工范某在木工加工区加班进行模板加工制作时，因电锯缺乏防护装置，不慎把大拇指切掉。

事故直接原因

1. 木工加班作业精力不集中；

2. 电锯缺少安全防护装置。

违反附件一 FYGZAQ003 第七、八、十条。

温馨提示

木工加工安全防护

装置要齐全，疲劳

加班不能干！

案例 042　高处坠落事故

2011 年 × 月 × 日，某市区郊县 ** 工地木工刘某和李某在进行二层模板支架搭设时，两人先后从 2 米高的支架上跌落，经抢救无效死亡。

事故直接原因

1. 高处作业没有正确佩戴安全帽和安全带；

2. 高处作业没有可靠的立足点。

违反附件三 FSAQGL013 第五、十三条。

温馨提示

高处模板支架搭设，

必须有可靠立足点！

案例 043　机械伤害事故

　　2008 年 × 月 × 日，某市开发区 ** 工地修理工倪某在搅拌机滚筒内进行检修作业时，后来的一名工人擅自启动了搅拌机，造成倪某被滚筒挤压受伤，经抢救无效死亡。

事故直接原因

1. 检修设备没有悬挂警示标牌；

2. 检修人员进入机械设备内部作业时，过程缺少专人监护管理。

违反附件二 FEJXSBAQ014 第六条。

案例 044　车辆伤害事故

　　2010 年 × 月 × 日，某市 ** 污水处理厂工地，商品混凝土罐车运送混凝土来到施工现场，狭窄的临时施工便道上有一台翻斗车经过，会车时，因罐车司机不知旁边是未分层夯实的管沟，罐车驶在回填的管沟边缘时翻车，罐废且司机致伤。

事故直接原因

1. 管沟回填土未分层夯实，且该路段未设置任何警示标志牌；

2. 商品混凝土罐车司机粗心驾驶。

违反附件二 FEJXSBAQ013 第五条。

案例 045 机械伤害事故

　　2005 年 × 月 × 日，某市经济开发区 ** 工地，杂工于某在清除正在运行中搅拌机料斗下方的杂物时，被运行的搅拌机料斗砸中头部，经抢救无效死亡。

事故直接原因

1. 违章在运行状态下清理设备；

2. 过程缺少专人监护管理。

违反附件二 FEJXSBAQ014 第三条。

案例 046 物体打击事故

2009年×月×日,某市滨湖新区**工地瓦工金某在进行外墙粉刷时,被上层施工人员掉下的穿墙螺栓砸中头部,不幸死亡。

事故直接原因

1. 架体上堆物不稳固；

2. 立体交叉作业缺少必要的隔离防护措施；

3. 作业人员未正确佩戴安全帽。

违反附件三 FSAQGL013 第六条和第十七条。

温馨提示

架体堆物要稳固，

交叉作业需隔离；

"三保"防护莫忘

记！

主体结构工程

2012 年 × 月 × 日，某市高新区 ** 工地钢筋工沈某在 33 层作业面绑扎钢筋时，不慎摔倒被钢筋扎伤，经医院抢救无效死亡。

事 故 直 接 原 因

1. 操作平台设置不牢固、不可靠；

2. 现场急救处置不当。

违反附件一 FYGZAQ004 第六、七条。

温馨提示

操作平台要稳固，

使用不当会出事！

案例 048　坍塌事故

　　2012 年 × 月 × 日，某市区 ** 购物中心工地，在裙房模板安装时，施工人员就开始吊运钢筋至模板上，因钢筋集中堆放，支撑系统难以承受集中荷载，导致 模板支撑系统瞬间坍塌，一名施工人员未及时躲避不幸遇难。

事 故 直 接 原 因

1. 钢筋物料集中堆放；

2. 支撑系统立杆接长存在搭接；

3. 赶工期。

违反附件一 FYGZAQ004 第五条；
　　附件三 FSAQGL018 第八条。

温馨提示

模板支撑架上，禁止

物料集中堆放！

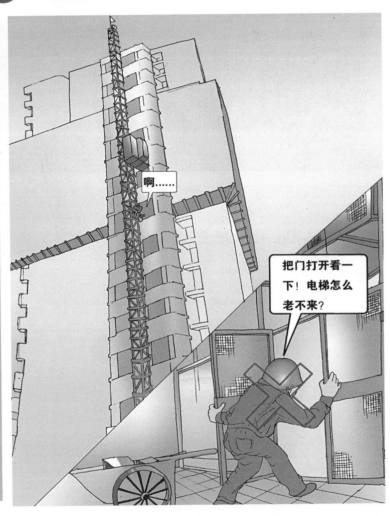

案例 049　坍塌事故

2005 年 × 月 × 日，某市高新区 ** 工地，木工王某在楼层人货电梯接料台等候电梯时，擅自打开料台安全防护门伸头观望，被运行中的梯笼挤压失稳坠落至地面，当场死亡。

事故直接原因

1. 擅自打开料台安全防护门伸头观望；

2. 料台安全防护门插销位置设置不正确。

违反附件二 FEJXSBAQ002 第七、十三条。

温馨提示

楼层料台安全防护

门不能擅自打开！

主体结构工程

2012 年 × 月 × 日，某市郊区 ** 工地，塔式起重机安装拆卸工胡某在 16 层位置拆卸塔式起重机附着装置时，不慎高处坠落，当场死亡。

事 故 直 接 原 因

1. 高处作业人员没有正确佩戴安全带；

2. 特种作业人员无证上岗。

违反附件一 FYGZAQ030 第一、二条。

温馨提示

设备安拆环节危险

大，操作过程需监

护。

案例 051　高处坠落事故

　　2012 年 × 月 × 日，某市经开区 ** 工地，杂工李某在人货电梯无司机的情况下，擅自开动电梯到 25 层，由于电梯停层不准确（梯笼与料台高差 80cm），在翻越料台门进入料台时坠落，当场死亡。

事故直接原因

1. 特种作业人员无证上岗；

2. 高空冒险攀爬料台。

违反附件二 FEJXSBAQ002 第二、十五条。

案例 052 高处坠落事故

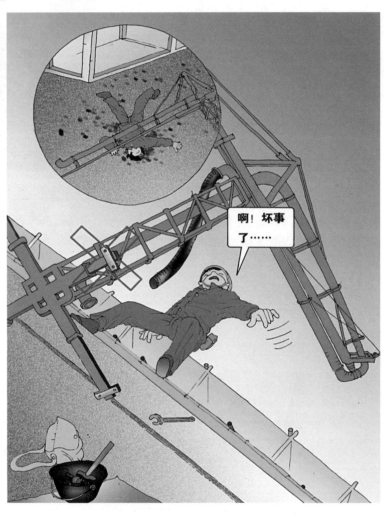

啊！坏事了……

2012 年 × 月 × 日，某市高新区 ** 工地，混凝土工潘某在 13 层作业面进行混凝土浇筑后绑扎吊运布料机时，不慎和布料机一同从高处坠落，经医院抢救无效死亡。

事故直接原因

1. 无证进行起重信号司索作业；

2. 作业面临边防护设施不到位；

3. 布料机安装不当，稳定性不够。

违反附件二 FEJXSBAQ047 第十四条。

温馨提示

设备使用,要注意

检查验收不能少!

案例 053 触电事故

2012 年 × 月 × 日，某市铁路线 ** 隧道铺轨工地，雨后电工范某在未关闭总配电源情况下，进行接线作业，因电箱潮湿漏电导致范某触电身亡。

事故直接原因

1. 接线作业时没有切断总配电源；

2. 雨后配电箱潮湿漏电。

违反附件一 FYGZAQ010 第四条；
     附件三 FSAQGL006 第十二条。

温馨提示

带电作业要不得，

潮湿环境最危险！

案例 054　高处坠落事故

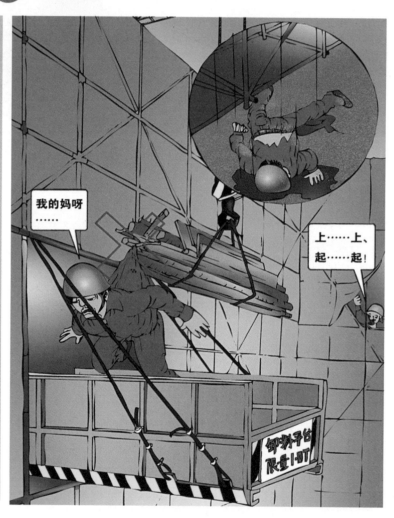

　　2012 年 × 月 × 日，某市高新区 ** 工地，普工刘某在 13 层卸料平台上进行模板方木（混凝土拆除下来带钉）倒运操作，因宽松的衣着不慎被吊起的模板方木挂住，司索指挥工盲目起吊，造成刘某衣服撕裂从高处坠落，当场死亡。

事故直接原因

1. 司索信号工无证进行起重信号指挥；

2. 普工衣着宽松被吊起的方木挂起；

3. 塔吊司机视线不清，没有试吊即直接起吊。

违反附件一 FYGZAQ017 第十二条；
　　附件三 FSAQGL018 第二条和第二十一条。

温馨提示

司索信号工必须持

证才能上岗，操作

工衣着要束紧！

案例 055　高处坠落事故

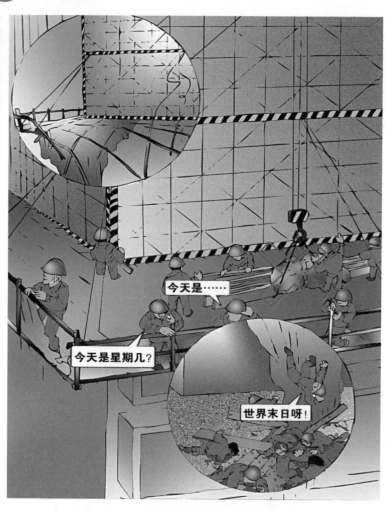

　　2012 年 × 月 × 日，某市高层住宅小区 ** 工地，在搭设防护棚（距地面 65 米 24 楼层外墙）过程中，因防护棚已经有 11 名作业人员，再加上吊到防护棚上的木板、扣件等材料，超出防护棚的荷载极限，防护棚瞬间坍塌坠落，造成九死一重伤的较大安全事故。

事 故 直 接 原 因

1. 防护棚上违章超载作业；

2. 架子工无证操作；

3. 高处作业人员不佩戴安全带。

违反附件一 FYGZAQ009 第一、三条；
　　附件三 FSAQGL013 第十七条。

温馨提示

高空防护棚搭设，一

要禁止超载，二要必

须佩戴安全带！

案例 056　高处坠落事故

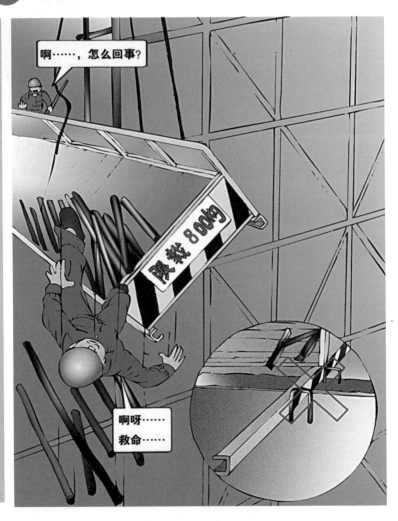

　　2012 年 × 月 × 日，某市高新区 ** 工地，位于 13 层卸料平台，连接钢丝绳与墙体的四根 φ25mm 螺栓突然断裂，造成吊装物料的一名工人、堆放的物料以及平台一起坠落，工人当场死亡。

事故直接原因

1. 卸料平台一侧槽钢变形，不能插入预埋铆环内固定；

2. 违章作业：悬挂限载警示牌为 0.8t 而实际载重为 2.08t。

违反附件三 FSAQGL014 第十、十一条。

温馨提示

卸料平台使用前必须经过验收，禁止超载！

案例 057　高处坠落事故

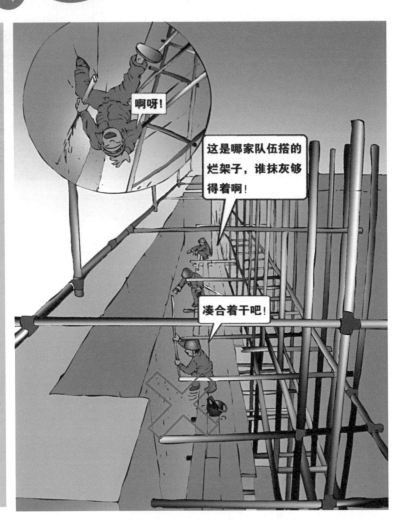

2012 年 × 月 × 日，某市 ** 新火车站西房工地，抹灰工潘某在大厅内 13 米作业面进行墙面抹灰操作时，不慎从墙面和脚手板之间空隙坠落地面，经医院抢救无效死亡。

事 故 直 接 原 因

1. 脚手架搭设有缺陷,内立杆距墙面大于 50cm;

2. 墙面和脚手板之间空隙大于 50cm;

3. 作业面防护不到位。

违反附件三 FSAQGL005 第一条;
　　　　　FSAQGL013 第十三条。

温馨提示

装饰脚手架不能任意搭设,必须有方案、经验收方可投入使用!

2012 年 × 月 × 日，某市高新区 ** 工地，两名工人在物料提升机接料平台安全防护门附近清理运送建筑垃圾，一名工人误认为安全门是关闭并插上安全销的，就靠了上去，实际上安全门是虚掩的，导致该名工人坠入井架内致死。

事故直接原因

1. 安全门虚掩没有插安全销;

2. 工人安全意识差。

违反附件二 FEJXSBAQ003 第十条;
    附件三 FSAQGL004 第二条。

温馨提示

接料平台处要注

意，虚掩的安全

门很危险！

案例 059　机械伤害事故

　　2012 年 × 月 × 日，某市经济开发区 ＊＊ 工地，在物料提升机卷扬机钢丝绳运行过程中，一名工人试图跨越钢丝绳，因钢丝绳未设置过路保护，工人不慎被卷入卷扬机中，经抢救无效死亡。

事故直接原因

1. 卷扬机钢丝绳未设置过路保护装置；

2. 工人试图抄近路；

3. 工人装束不灵便。

违反附件一 FYGZAQ015 第十一条。

案例 060　触电事故

　　2012 年 × 月 × 日，某市高新区 ** 工地，使用混凝土泵车进行混凝土浇筑，当混凝土泵车伸展泵管时不慎碰到附近 10 千伏高压电线，造成一名施工人员触电身亡。

事 故 直 接 原 因

1. 附近高压线无防护措施；

2. 泵车臂伸展进入 10 千伏高压线 5 米危险范围内；

3. 泵车司机新手上岗。

违反附件二 FEJXSBAQ011 第二条。

温馨提示

高压线附近施工，

必须进行有效防护！

案例 061 高处坠落事故

2012年×月×日，某市高新区**工地，脚手架拆除现场，一架子工佩戴了安全绳，但在拆除作业中觉得随时移动挂安全带不太方便，因此安全带只是系在腰间没有挂用，不慎一脚踩空，导致该名工人坠地当场死亡。

事故直接原因

1. 架子工精力不集中，一脚踩空；

2. 作业时，佩戴了安全绳，但没有随时使用挂系安全带；

3. 违章操作。

违反附件一 FYGZAQ009 第三条；
　　　附件三 FSAQGL013 第五、十二条。

温馨提示

高处作业不但要佩
戴安全带，而且要
随时正确使用！

案例 062　塔吊倾覆事故

乖乖!塔吊要倒塌了,保命要紧!

　　2008 年 × 月 × 日,某市 ** 综合楼工地,钢筋工指挥塔吊起吊一捆钢筋,将钢筋吊至 3～4 米高向北回转,同时变幅小车向大臂远端运行,当运至所需位置时,司机打反向停车,塔机开始倾斜,司机跑出驾驶室,迅速离开塔机,塔机向西倒塌,塔身扭曲,吊臂和平衡臂落在地面上,所幸无人伤亡。

事 故 直 接 原 因

1. 钢筋工（应由司索信号指挥工指挥吊运）违章指挥吊运钢筋；

2. 塔吊超载作业；

3. 起重力矩限制器失灵。

违反附件一 FYGZAQ017 第六、十三条；
　　　　　 FYGZAQ018 第二条。

温馨提示

塔吊吊运要由司索
信号指挥工指挥，
各种保险装置要确
保有效！

案例 063　物体打击事故

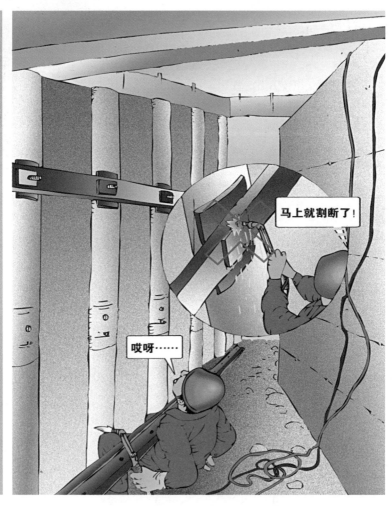

马上就割断了！

哎呀……

　　2012 年 × 月 × 日，某市高新区 ** 工地，主体结构已施工完毕，深基坑需及时回填，但基坑中支护用的两道钢围檩直接掩埋实在可惜，项目部为节省成本，派一名工人用气割切割回收，当把下道钢檩锚杆螺栓切割待尽时，由于缺乏防钢檩坠落措施，突然下落的钢围檩把工人砸倒在坑中，经抢救无效死亡。

事 故 直 接 原 因

1. 切割时无钢檩防坠落措施；

2. 气割工（是临时外邀的废品收购人员）无证上岗；

3. 切割现场无专人监护。

违反附件一FYGZAQ012第一条。

高处坠落事故

2012 年 × 月 × 日，某市政污水处理厂 ** 工地，因晚上加班需要照明灯架，工人用移动吊车把地面上的 4 米高左右简易灯架移到生物池大平台上，工人上到灯架上取钩不彻底，移动吊车司机视线不清，回钩过程中，灯架又被吊钩重新带起，工人慌乱从灯架上跳落混凝土平台上，使脚跟骨裂致残。

事 故 直 接 原 因

1. 司索信号指挥工无证上岗作业；

2. 钢丝索具太长，操作人员取吊钩不彻底；

3. 移动吊车司机视线被阻挡。

违反附件一 FYGZAQ018 第二、五条。

案例 065　物体打击事故

　　2012 年 × 月 × 日，某市高新区 ** 购物中心工地，一名电焊工在后浇带位置清理杂物准备焊接，清理出的钢筋头混凝土浮渣下落，垂直下方刚好有一名工人（未戴安全帽）经过此处，不慎被钢筋头砸中头部，经医院抢救无效死亡。

事故直接原因

1. 经过此处的工人未佩戴安全帽；

2. 电焊工高处随手丢弃钢筋头、建筑垃圾。

违反附件三 FSAQGL001 第二条；
　　　　　 FSAQGL002 第四条。

温馨提示

进入施工现场必须

佩戴安全帽，高处

作业建筑垃圾禁止

乱抛！

主体结构工程

　　2012 年 × 月 × 日，某市高新区 ** 工地，模板支撑架拆除过程中，一名拆除工人在架体上撬撤模板时，因无可靠立足点且用力过猛，身体重心失去平衡，不慎从 6 米高处坠落，经抢救无效死亡。

事 故 直 接 原 因

1. 拆除作业面无可靠立足点；

2. 拆除工不带安全带；

3. 拆除工安全意识差。

违反附件三 FSAQGL013 第十三条；
FSAQGL022 第四条的第三款。

温馨提示

拆除作业要小心，
立足点要稳固，安
全带要挂系好！

案例 067　物体打击事故

　　2012 年 × 月 × 日，某市地铁站 ** 工地，一名工人将立柱上钢模板连接螺栓拆除后未取下有事离开，悬空钢模瞬间失稳倾斜坠落，砸中相邻立柱正在拆钢模板的一名作业人员，经抢救无效死亡（该坠落钢模板尺寸为 1.6 米 ×7 米）。

事故直接原因

1. 工人把钢模板的所有连接螺栓拆除后未取下有事离开；

2. 旁边工人不清楚处于危险环境；

3. 钢模板处于悬空状态。

违反附件三 FSAQGL022 第四条的第十二款。

温馨提示

模板拆除要连续进行，因故中断拆除要告知，还要设置警示提示牌！

主体结构工程

　　2012年×月×日,某市郊**高架桥工地,在该桥6号墩拆模作业时,因模板连接螺栓突然断裂,致使模板瞬间松脱坠落,2名作业人员连同模板从28米高处坠落地面。

事故直接原因

1. 未对模板采取防坠落措施；

2. 拆除模板螺丝时，拉杆（穿墩拉身筋）疲劳、损伤出现滑丝现象，导致受力螺丝断裂；

3. 操作平台与模板整体相连接（应分离）。

违反附件三 FSAQGL022 第四条的第六、七款。

温馨提示

模板体系和操作平台必须分开搭设，拆除时更要小心谨慎！

案例 069　高处坠落事故

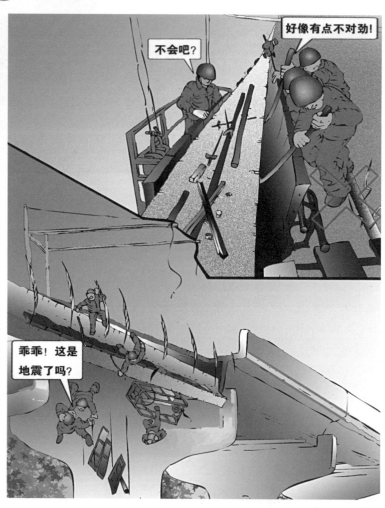

　　2012 年 × 月 × 日，某省公路跨铁路特大桥工地，在施工边梁防撞墙时浇筑完防撞墙混凝土拆除模板过程中，边梁侧翻坠落，外挂篮及篮中 2 人、桥面作业 3 人随边梁一起坠落。

事故直接原因

1. 违反施工作业程序（板梁架设完成后，应先施工铰缝，待铰缝混凝土达一定强度后再施工边梁防撞墙）；

2. 作业队伍不懂施工程序（在边梁与中梁未做任何连接的情况下进行边梁防撞墙施工造成边梁重心失稳）。

违反附件三 FSAQGL005 第六条；
FSAQGL013 第五条。

温馨提示

施工作业程序必须要清楚，不懂不要装懂！

案例 070　物体打击事故

　　2009 年 × 月 × 日，某市开发区 ** 工地在拆除脚手架时，架子工随意将拆除的扣件抛掷地面，不慎砸中路过此处的一名工人，造成人员当场死亡。

事故直接原因

1. 工人违章抛掷物料；

2. 拆除区域未设置警戒线；

3. 拆除过程无专人监护管理。

违反附件一 FYGZAQ009 第三条；
　　 附件三 FSAQGL013 第十一条。

温馨提示

高空抛物很危险，

危险区域莫乱闯！

案例 071　物体打击事故

　　2012 年 × 月 × 日，某市装配式住宅 ✳✳ 工地，工人在 8 层装配安装，因支撑（可调接长度杆件）不够用，赵某违规从一隔墙卸下支撑杆件，安装支撑在另一隔墙上，正在安装时隔墙板突然翻倒把赵某砸在板下，经抢救无效死亡。

事故直接原因

1. 违反施工作业程序，擅自拆下预制墙板固定支撑；

2. 作业人员背对该装配式墙板；

3. 作业人员安全意识薄弱。

违反附件三 FSAQGL017 第十四条。

温馨提示

装配式住宅施工，

危险大，操作人员

莫大意！

案例 072 物体打击事故

2012 年 × 月 × 日，某市高新区 ** 住宅楼工地，两名普工从砖垛上取砖块，因砖垛高 2 米左右，且基础砖垛不是很稳固，其中一名普工够不着，就违规掏砖，突然砖垛倒塌，一名普工不慎被砸伤。

事故直接原因

1. 普工违反作业程序，进行掏砖作业；

2. 砖垛过高，超过 1.8 米；

3. 操作工人安全意识差。

违反附件一 FYGZAQ001 第六条；
FYGZAQ008 第十条。

主体结构工程

2013 年 × 月 × 日，某省公路隧道 ** 工地，工人使用农用运输车同车运输电雷管和炸药，准备把炸药放到闭塞洞储存备用，在卸车时，农用车柴油发动机没有熄火情况下搬运炸药，不慎引爆炸药，造成 18 人死亡的惨剧。

事故直接原因

1. 炸药与电雷管同车运输；

2. 农用车发动机未熄火，喷出火星；

3. 搬运人员着化纤衣物。

违反附件一FYGZAQ002第二十二、二十三、二十四条。

温馨提示

火工品运输储存使用，要严格执行规范制度，谨慎管理！

人货电梯事故

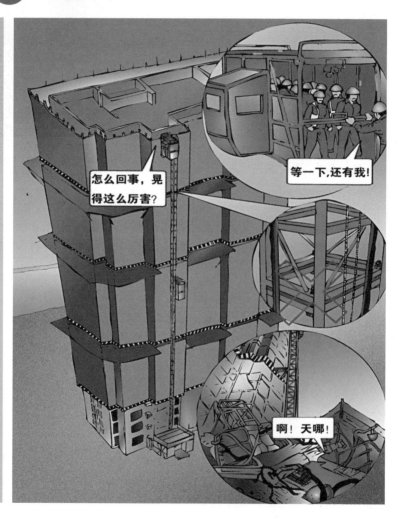

　　2012 年 × 月 × 日，某公司承建的房地产开发高层小区项目 ** 工地上，一台载满粉刷工人的人货电梯，在上升过程中突然失控，直冲到 34 层顶层后，电梯钢丝绳突然断裂，厢体呈自由落体直接坠到地面，造成 19 名施工人员遇难的惨剧。

事故直接原因

1. 顶部标准节连接螺栓松动；

2. 严重超载，额定员 12 人，实载 19 人；

3. 人货电梯未进行检测就擅自使用。

违反附件一 FYGZAQ016 第五条；
　　附件二 FEJXSBAQ002 第三、六条。

温馨提示

特种设备必须检验

合格后，方可投入

使用；人货电梯禁

止超载。

建设工程典型安全

6
装饰安装工程

案例 075　物体打击事故

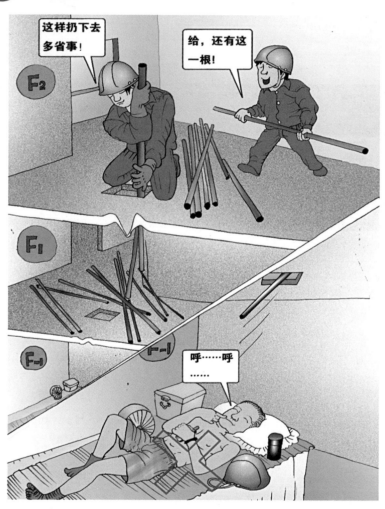

　　2010 年 × 月 × 日，某市区 ** 工地，工人从洞口违规传递钢管过程中，将正在负一层违规住宿的普工韦某砸中，经抢救无效死亡。

事故直接原因

1. 工人违章住宿在建筑物内；

2. 作业人员违规传递物件。

违反附件一 FYGZAQ001 第二十条；
　　　附件三 FSAQGL002 第十条。

案例 076 高处坠落事故

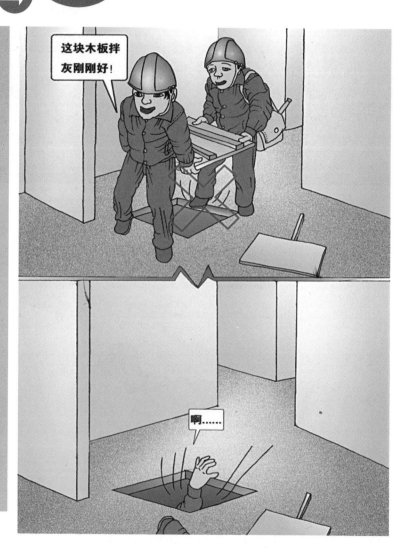

　　2004 年 × 月 × 日，某市区 ** 工地，在进行室内抹灰准备，民工陶某与另一名工人擅自挪动覆盖洞口的防护盖板时，不慎从洞口坠落死亡。

事故直接原因

1. 洞口防护盖板未可靠固定；

2. 作业人员擅自挪动安全防护设施。

违反附件三 FSAQGL001 第五条。

温馨提示

未经批准，安全防

护设施不能移动或

破坏！

　　2010年×月×日，某市区**工地，2名瓦工在地下室顶棚腻子施工，其中1名瓦工（暑期打工的大学生）通过移动操作平台爬到风管上方进行作业时，碰到裸露的照明预留电线，被电击死亡。

事故直接原因

1. 违反施工程序，利用地下室未完工的正式电路进行地下室施工照明；

2. 未按方案要求设置"三级配电两级保护"。

违反附件三 FSAQGL006 第五、八条。

温馨提示

地下室等特殊场所
应使用安全特低电
压照明器！

案例 078　高处坠落事故

2009 年 × 月 × 日，某市区 ** 工地，在进行室内电梯安装，电梯安装工高某与另一名工人擅自拆除电梯井口的安全防护设施，不慎从 11 层井口边沿坠落负一层井底死亡。

事故直接原因

1. 工人擅自拆除电梯井口的安全防护设施；

2. 作业人员未佩戴安全带。

违反附件一 FYGZAQ026 第三、五条；
      附件三 FSAQGL001 第五条。

温馨提示

电梯安装要小心，

安全防护设施不能

擅自拆除，安全带

必须要佩戴！

装
饰
安
装
工
程

　　2012 年 × 月 × 日，某市经济开发区 ** 工地，在进行室内装修施工，装饰安装工郑某用人字梯登高顶棚作业时，因梯子上的防塌落绳断裂，人字梯突然下塌，安装工郑某不慎摔落地板上，经抢救无效死亡。

事故直接原因

1. 人字梯防塌落安全绳断裂；

2. 高处作业人员未佩戴安全带。

违反附件三 FSAQGL013 第十三条。

温馨提示

人字梯作业前，要

仔细检查安全防护

设施是否牢靠！

案例080 高处坠落事故

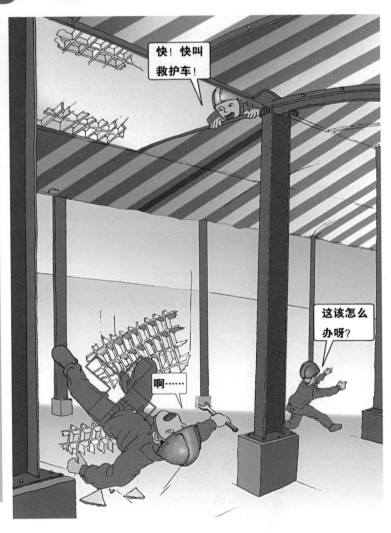

　　2011 年 × 月 × 日，某市高新开发区 ** 工地普工张某在进行钢结构屋面板安装时，不慎从采光带部位高处坠落，经抢救无效死亡。

事 故 直 接 原 因

1. 高处作业没有佩戴安全带；

2. 屋面采光井口等易塌落危险部位缺少警示标志。

违反附件三 FSAQGL008 第三条的第一、二款。

温馨提示

屋面等高处作业，

需留心脚下的危险！

案例 081　物体打击事故

　　2009 年 × 月 × 日，某市包河区 ** 工地普工路某（女）在采光井部位进行垃圾清理过程中，被上方坠落的木料击中头部，经抢救无效死亡。

事 故 直 接 原 因

1. 临边堆物不稳固；

2. 作业人员未佩戴安全帽。

违反附件一 FYGZAQ001 第五条；
     附件三 FSAQGL001 第一、二条。

温馨提示

临边堆料要当心，

安全距离要保证，

楼下作业要留心，

防范上面有物掉！

案例 082　高处坠落事故

　　2009 年 × 月 × 日，某市经济开发区 ** 工地，砌筑施工砂浆搅拌现场，因料斗边缘搅拌不均匀，一名工人把铁锹插入正在运行的砂浆搅拌机内，导致铁锹打中该工人头部致伤。

事故直接原因

1. 工人违章操作；

2. 工人未经入场安全教育。

违反附件二 FEJXSBAQ018 第三条。

温馨提示

机械作业，要严格

按安全操作规程进

行操作，违章作业

不能干！

装饰安装工程

2009年×月×日，某市新站**工地，设备安装施工，工人赵某进行砂轮切割机操作，因违规使用过期受潮砂轮片，且操作过程中不带护目镜（罩），运转过程中砂轮片破裂，高速飞屑不慎击中该工人眼部致瞎。

事故直接原因

1. 违章使用过期受潮砂轮片；

2. 操作过程未佩戴护目镜（罩）。

违反附件二 FEJXSBAQ024 第三、四条。

温馨提示

操作砂轮切割机要

小心，佩戴护目镜

（罩）保安全！

案例 084 机械伤害事故

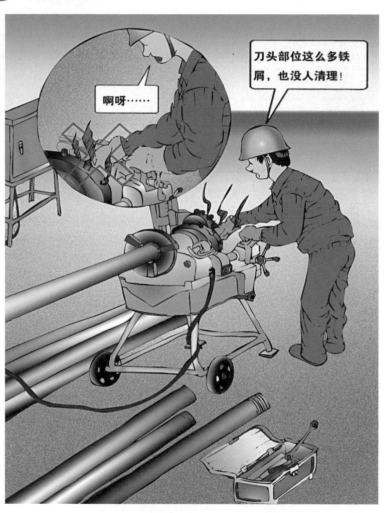

　　2010 年 × 月 × 日，某市高新区 ** 工地，设备安装施工现场，因套丝机转动部位铁屑堆积，水暖工张某在套丝机未完全停止时，清理铁屑，不慎手指卷入套丝机中，手部致残。

事故直接原因

1. 违章操作戴手套；

2. 粗心大意，机械未完全停稳就直接用手清理铁屑。

违反附件二 FEJXSBAQ010 第十条；
　　附件三 FSAQGL004 第三条。

温馨提示

套丝机作业莫大意，

违章作业不得了！

案例 085　物 体 打 击 事 故

　　2010 年 × 月 × 日，某市区 ** 工地，一辆装载玻璃（尺寸：2000mm×980mm）的车辆进入该施工现场，三名操作工人赶忙从车上卸下玻璃，过程中因配合失误，操作不当，玻璃不慎破碎，致使一名工人受伤，经抢救无效死亡。

事故直接原因

1. 玻璃防倒倾角度小于 75°；

2. 工人配合操作失误。

违反附件一 FYGZAQ029 第二、三条。

温馨提示

玻璃装卸作业，千万
要小心，时刻留神不
被害！

案例 086 物体打击事故

装饰安装工程

2011 年 × 月 × 日，某市区 ** 污水处理厂工地，细格栅设备安装；四名安装工在细格栅顶部平台用三角钢支架、倒链吊装设备，钢支腿临近预留孔，吊装过程中钢支腿滑移入预留孔，三角钢支架失稳倒塌，一名安装工被砸伤。

事故直接原因

1. 三角钢支架支腿临近预留孔，吊装过程中逐渐发生位移；

2. 安装工缺少配合。

违反附件二 FEJXSBAQ043 第二、三条。

温馨提示

设备吊装时基础要
坚实；作业前安全
检查少不了！

案例 087　高处坠落事故

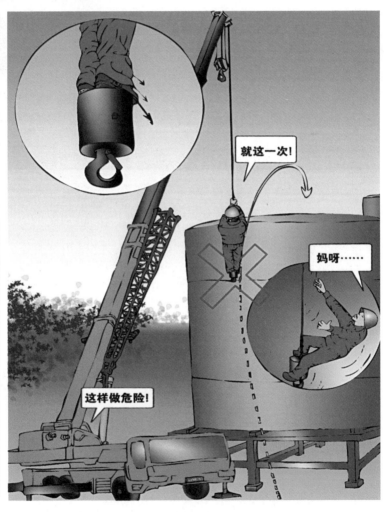

就这一次！

妈呀……

这样做危险！

装饰安装工程

　　2011年×月×日，某市某污水处理厂＊＊工地，加氯储罐安装施工现场，因要到储罐上方作业，一名安装工人直接踩吊钩高空上下，不慎滑脚，从距地面8米高的吊钩上坠落致死。

事 故 直 接 原 因

1. 工人严重违章作业，直接踩吊钩高空上下；

2. 高处作业没有佩戴安全带；

3. 汽车吊司机违反"十不准吊"禁令。

违反附件二 FEJXSBAQ004 第十七条。

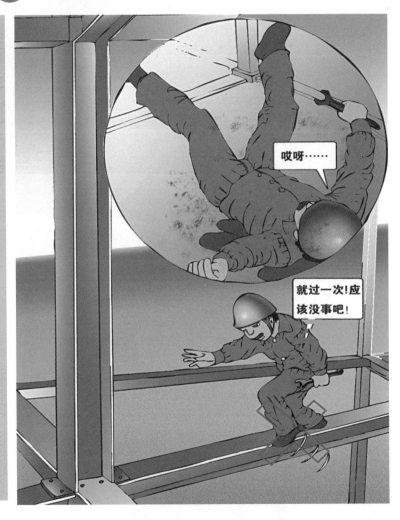

案例 088　高处坠落事故

装饰安装工程

2012 年 × 月 × 日，某市某站房 ** 工地，钢结构安装施工现场，因要到临近钢立柱上作业，一名安装工人试图直接沿钢梁行走，不慎滑脚，从距地面 6 米高的钢梁上坠落致死。

事 故 直 接 原 因

1. 高处作业没有佩戴安全带；

2. 安装工违章作业。

违反附件三 FSAQGL008 第三条的第十三款。

温馨提示

高处作业，安全带

要随时系挂，钢结

构上行走，要留心

脚下！

装饰安装工程

2011年×月×日，某污水处理厂，钢结构安装施工现场，下班时，一名安装工人距专用安全爬梯较远，为省时方便，该安装工人直接顺着立柱槽钢滑下不慎滑脚，从距地面6米高的位置坠落致死。

事 故 直 接 原 因

1. 高处违章作业沿着立柱槽钢滑下；

2. 工人安全意识差，存在侥幸心理。

违反附件三 FSAQGL008 第三条的第十三款。

温馨提示

钢结构安装作业时，

禁止顺立柱槽钢下

滑！

案例 090　高处坠落事故

2011年×月×日,某市污水处理厂,二沉池中心污泥泵房上行吊安装施工,安装工用长竹梯搭在行吊轨道上进行焊接作业,因轨道呈弧形,竹梯表面光滑,刚攀登到焊接位置,竹梯向右侧倾倒,工人从距地面6米高的竹梯上坠落致死。

事故直接原因

1. 高处作业没有佩戴安全带；

2. 用长竹梯高空作业，地面无人监护。

违反附件三 FSAQGL013 第五条的第十三款。

温馨提示

用长梯高处作业，

必须佩戴安全带，

地面要有监护人员！

　　2013 年 × 月 × 日，某市铁路站房 ** 工地（上跨既有线），在上跨铁路钢结构后期装修施工中，一名装修工用脚将金属压条踢落，金属压条直接坠落在垂直下方的接触网（带电）上，造成瞬间短路停电停车事故。

事故直接原因

1. 施工人员粗心大意，在装修操作过程中直接把金属压条踢落到接触网上；

2. 封闭作业存在漏洞。

违反附件三 FSAQGL013 第九条。

温馨提示

高处作业时，需留心脚下的物品！

装饰安装工程

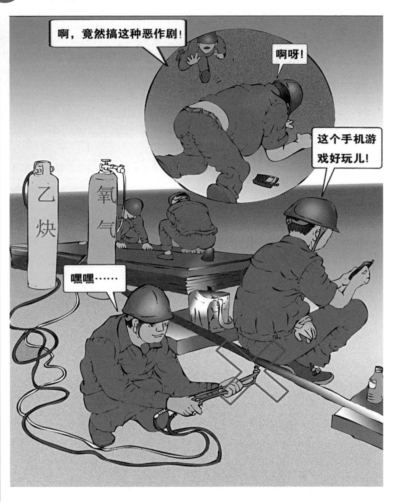

2009 年 × 月 × 日，某市 ** 工地金属切割现场，一边是两名工人在配合下料，另一边工人张某则在一旁戏耍，拿起炬火枪对准在一旁蹲坐忙着玩手机的余某肛门打开阀门，乙炔气体迅速在体内膨胀，致余某昏迷，经医院抢救无效死亡。

事故直接原因

1. 违反操作规程，用炬火枪对准人体肛门打开阀门；

2. 在施工现场开玩笑；

3. 在施工现场戏耍，注意力分散。

违反附件一 FYGZAQ012 第十六条。

温馨提示

金属气割作业，禁
止戏耍、开玩笑！

机械伤害事故

装饰安装工程

　　2013 年 × 月 × 日，某市铁路站房 ** 钢结构厂工地，转移移动平台，平台内载一名工人，下方四名工人忙于推拉平台，行至钢梁底部，下方工人未注意到钢梁，导致平台内载的一名工人，头部被挤压致死。

事 故 直 接 原 因

1. 施工人员违章作业，转移移动平台时平台载人；

2. 施工人员不戴安全带；

3. 施工人员安全意识差。

违反附件二 FEJXSBAQ044 第一条。

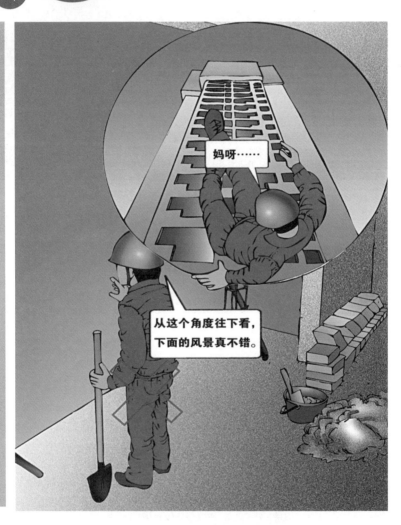

装饰安装工程

2013 年 × 月 × 日，某市高新区 ** 高层住宅楼工地，16 层阳台临边防护栏杆遭到拆除，一名工人在砌体施工过程中，休息时在此逗留，不慎坠落地面，经抢救无效死亡。

事故直接原因

1. 未经允许阳台临边防护栏杆遭到拆除；

2. 作业人员休息时在临边无防护栏杆的阳台逗留。

违反附件三 FSAQGL001 第五条；
　　　　　FSAQGL013 第十九条。

温馨提示

无防护栏杆的阳台
上，禁止人员逗留！

案例 095　脚手架坍塌事故

可能连墙件太少了！

妈呀……

哎呀，怎么回事啊？

　　2012 年 × 月 × 日，某市 ** 旧房改造工地，外墙装饰干挂大理石施工，四名装修安装工人，正忙于干挂大理石操作，突然一阵大风吹过，双排装饰脚手架随之倒塌，上方四名工人坠落，造成三死一伤的悲剧。

事故直接原因

1. 架体连墙件在装修操作过程中遭拆除；

2. 架体局部集中堆放大理石等装饰材料；

3. 无防风措施。

违反附件三 FSAQGL021 第五、七、八、十条。

温馨提示

装饰架体高处作业，

连墙件任意拆除很

危险！

高处坠落事故

装饰安装工程

　　2007 年 × 月 × 日，某市经济开发区 ** 工地，架子班组几名工人在拆除脚手架时，嬉笑打闹，造成一名工人不慎坠落，当场死亡。

事 故 直 接 原 因

1. 作业中未集中注意力，嬉笑打闹；
2. 悬空高处作业人员未佩戴安全带。

违反附件三 FSAQGL013 第十二条。

温馨提示

施工现场很危险，

精力集中保安全！

案例 097　高处坠落事故

2010 年 × 月 × 日，某市高新开发区 ** 工地，外墙粉刷工贺某在对建筑物外墙修补时，不慎从高处坠落，当场死亡。

事故直接原因

1. 建筑外墙施工违规使用座板式悬吊吊具；

2. 高空作业没有配备安全绳和佩戴安全带。

违反附件二 FEJXSBAQ046 第一、二条。

温馨提示

高空作业必须正确

系挂安全带（绳）！

装饰安装工程

2011 年 × 月 × 日，某市高新开发区 ** 工地，幕墙清洗工陈某在作业时从高处坠落，当场死亡。

事故直接原因

1. 座板悬吊绳从拴固点脱出；

2. 高处作业没有正确佩戴安全带。

违反附件二 FEJXSBAQ046 第一条。

温馨提示

不安全的高空作业
设施不能使用！

案例 099 高处坠落事故

　　2011 年 × 月 × 日，某市经济开发区 ** 工地，工人郑某从楼层窗口翻越上下吊篮时，不慎从吊篮上坠落，经抢救无效死亡。

事故直接原因

1. 作业人员违章从高处翻越上下吊篮。

违反附件二 FEJXSBAQ045 第一、十条。

温馨提示

不得从建筑物顶部

或窗口等处出入吊

篮！

案例 100 机械伤害事故

2011 年 × 月 × 日，某市新站开发区 ＊＊ 工地，幕墙安装工夏某和严某在进行幕墙施工时，因吊篮一侧钢丝绳断裂，吊篮倾翻，造成 2 人从高处坠落，导致一死一伤。

事故直接原因

1. 吊篮作业人员未戴安全带、未挂安全绳；

2. 吊篮作业人员擅自处理设备故障不当。

违反附件二 FEJXSBAQ045 第八条。

温馨提示

设备故障莫乱动，

通知专人来处理！

案例 101　高处坠落事故

　　2009 年 × 月 × 日，某市老区 ** 改造工地，多层住宅楼外墙乳胶漆施工，油漆工高某在室外架体进行六层阳台乳胶漆涂刷，脚踩一探头板，不慎从高处坠落，经抢救无效死亡。

事故直接原因

1. 架体上脚手板任意放置，端头超过 300cm 的脚手板不固定，形成探头板；

2. 高处作业不佩戴安全带。

违反附件一 FYGZAQ027 第一条的第二款；
附件三 FSAQGL013 第三条。

温馨提示

架体作业要小心

探头板，要佩戴

安全带！

装饰安装工程

　　2011 年 × 月 × 日，某市经济开发区 ** 高层住宅小区工地，主体结构已封顶，进入装饰安装阶段，两名工人在安装阳台手推窗玻璃时，一名安装工人不慎从阳台坠落致死。

事故直接原因

1. 高处安装作业，安装人员不佩戴安全带（绳）；

2. 安装人员安全意识差。

违反附件一 FYGZAQ029 第六条；
　　附件三 FSAQGL013 第五条。

温馨提示

室外门窗安装要小心，系挂安全带能防身！

物 体 打 击 事 故

装饰安装工程

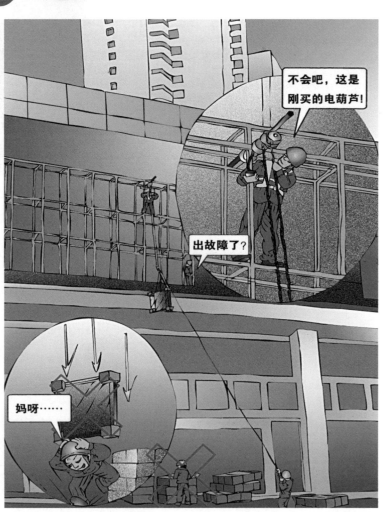

　　2011 年 × 月 × 日，某市经济开发区 ** 工地，购物中心即将开业，室外装修安装电子大屏幕，临时用电葫芦吊物，不慎吊物坠落，导致垂直下方一名工人被砸致死。

事 故 直 接 原 因

1. 作业人员违章操作卡链时抖链过猛;

2. 交叉作业,吊物垂直下方有人操作;

3. 赶工期。

违反附件二FEJXSBAQ042第一条的第九款和第二条的第九款。

温馨提示

电动葫芦出故障

要有专人来处理,

不懂不要瞎鼓捣!

　　2011 年 × 月 × 日，某市经济开发区 ** 工地，某写字楼室外装修，在搭设外架过程中，因门型架失稳倒塌，导致一名装修工人坠落死亡。

事 故 直 接 原 因

1. 门型架搭设基础不稳固；

2. 搭设过程中没有设置连墙件或抛撑；

3. 高处作业人员不佩戴安全带。

违反附件三 FSAQGL013 第五、六条；
　　　　　FSAQGL015 第一条的第一、三款。

温馨提示

门型架不适合搭设
过高，尤其是搭设
基础面积有限的地
段！

案例 105　高处坠落事故

　　2011 年 × 月 × 日，某市经济开发区 ** 工地，门面装修施工现场，两名装饰人员在门型架上装饰作业，移动门型架时，一名女装饰操作工未站稳，不慎从架体上坠落致死。

事故直接原因

1. 违章作业，移动门型架操作面没有安装护身栏杆；

2. 装饰人员高处作业未佩戴安全带；

3. 门面装饰施工人员多人不佩戴安全帽，安全意识差。

违反附件三 FSAQGL013 第五、六、十二条；
FSAQGL015 第一条的第八款。

温馨提示

门面装饰高处作业
安全不能忽视，护
栏杆、安全带、安
全帽一个也不能少！

物体打击事故

装饰安装工程

2011 年 × 月 × 日，某市经济开发区 ** 证券广场工地，室外广场道路施工现场，一工人搬运花岗岩路牙石，不慎失手砸伤自己的小腿致伤。

事故直接原因

1. 操作人员蛮干，一个人搬运重物；

2. 赶工期。

违反附件三 FSAQGL001 第四条；
       FSAQGL004 第一条。

附件一 各工种安全技术操作规程

普工（杂工）安全操作规程 FYGZAQ001

一、为了规范劳务普工施工作业人员的安全操作行为，控制和预防工伤事故，确保作业人员的安全与健康，特制订本安全操作规程。

二、雨期或春融季节深槽（坑）作业前，须确认安全后，方可进入作业。作业时，必须经常检查槽（坑）壁的稳定状况。

三、使用新技术、新工艺、新设备、新材料时，作业必须遵守相关的安全技术规定，执行安全技术交底。

四、作业人员必须经过安全技术培训，掌握本工种安全生产知识和技能。

五、严禁临边堆料，在高压线下堆土、堆料、支搭临时设施。

六、砖块、砌块等堆码要稳固，高度不得超过1.8m，取砖块应自上而下取拿，禁止掏砖。

七、作业时应保持作业道路通畅、作业环境整洁；在雨、雪后和冬期，露天作业时必须先清除水、雪、霜、冰，并采取防滑措施。

八、普工作为非专业施工作业人员，严禁操作特殊工种专用电气工具、设备和擅自安装、拆卸电气设备等。

九、新工人或转岗工人必须经入场或转岗安全培训，考核合格后方可上岗。

十、作业前必须按规定进行安全技术交底，作业人员须掌握安全技术交底内容、并认真执行；未经安全技术交底，严禁作业。

十一、作业前必须检查工具、设备、现场环境。

十二、上下沟槽（坑）必须走马道或安全梯，通过沟槽必须走便桥；严禁在沟槽（坑）内休息。

十三、本规程依据国家和行业安全生产法规、标准、规范，总结工程施工、生产经验编写而成。

十四、挖、扩桩孔、挖槽（坑）、水中筑围堰作业时，必须按规定使用防护用品（戴安全帽、佩戴安全绳、穿救生衣等）；进入施工现场的人员严禁赤脚、穿拖鞋。

十五、大雨、大雪、大雾及风力六级以上（含六级）等恶劣天气时，应停止露天的起重、打桩、高处等作业。

十六、施工现场的井、洞、池、沟、槽、坑、作业点、道路口作业时，必须在作业区采取有效的防坠落措施，如防护栏或防护算等；白天设明显安全警示标志，夜间必须设红色警示灯。

十七、作业时必须遵守劳动纪律，精神集中，不得打闹；严禁酒后作业。

十八、夜间作业场所必须配备足够的照明设施。

十九、严禁擅自拆改、移动安全防护设施；需临时拆除或变动安全防护设施时，必须经施工技术管理人员同意，并采取相应的可靠措施。

二十、严禁从高处或从孔洞向下方抛扔或者从低处向高处投掷物料、工具。

二十一、脚手架未经验收合格前严禁上架子作业。

二十二、作业中发生事故，必须及时抢救人员，迅速报告上级，保护事故现场，并采取措施控制事故；如抢救工作可能造成事故扩大或人员伤害时，必须在施工技术管理人员的指导下进行抢救。

二十三、作业中出现危险征兆时，作业人员必须停止作业，撤至安全区域，并立即向上级报告；未经施工技术管理人员批准，严禁恢复作业；紧急处理时，必须在施工技术管理人员的指挥下进行作业。

二十四、施工过程中必须保护现况管线、杆线、人防、消防设施和文物。

凿岩爆破工安全操作规程 FYGZAQ002

一、深坑、深槽、巷道、隧道等，应根据地质情况和施工要求，设置边坡或顶撑或固壁支护，严防冒顶、塌方。

二、在隧道峒室中施工，要每班进行检查，发现险情，及时排除；巷道峒室若发现透水预兆，应停止作业。

三、在巷道峒室内凿岩应采用湿式作业，并加强通风和个人防护；缺乏水源或不适于湿式作业的，要有防尘措施。

四、用手风钻打眼时，手不得离钻机风门，严禁采取骑马式作业。

五、使用凿岩机，胶皮风管不准缠绕和打结，不得用折弯气管的方法制止通气；凿岩机钎杆与孔必须保持在一直线上，更换钻头应先关风门。

六、爆破联结导火索和火雷管，必须在专用加工房内；房内不准有电气、金属设备，无关人员不得入内。

七、切割导火索或导爆索，必须用锋利小刀，禁止用剪刀剪断或用石器、铁器敲断；导火索长度不得小于 1m，导爆索禁止撞击、抛掷、践踏，切割导火索或导爆索的台桌，不得放置雷管；加工起爆药包，必须在专用加工房内。房内不准有电气、金属设备，无关人员不得入内。

八、加工起爆药包，只允许在爆炸现场于爆破前进行，并按所需数量一次制作，不得留成品备用，制作好的起爆药包应有专人妥善保管。

九、装药要用木竹棒轻塞，严禁用力抵入和使用金属棒捣实；禁止使用冻结、半冻结或半融化的硝化甘油炸药。

十、峒室法爆破药室内的照明未安起爆棒前，其电压应用低压电；安起爆体时，必须用手电筒或在峒外用透光灯照明。

十一、放炮必须有专人指挥，事先设立警戒范围，规定警戒时间、信号标志，并派出警戒人员；起爆前要进行检查，必须待施工人员、过路行人、船只、车辆全部避入安全地点后方准起爆，报警解除后方可放行；炮工的掩蔽所必须坚固，道路必须通畅。

十二、电力爆破应遵守下列规定：

（一）电源应有专人严格控制，放炮器应有专人保管，闸刀箱要上锁；不到放炮时间，不准将把手或钥匙插入放炮器或接线盒内。

（二）同一路电炮应使用同厂、同批、同牌号的雷管，各雷管的电阻误差应控制在 ±0.2Ω 以内。

（三）先将电雷管的脚线联成短路，待接母线时解开，连接母线应从药包开始向电源方向敷设，主线末端未接电源前应先用胶布包好，防止误触电源。

（四）装药前，严禁将电爆机地线接在金属管道和铁轨上；雷雨天气不准露天电力爆破，如中途遇雷电时，应迅速将雷管的脚线，电线主线两端联成短路。

（五）联线时，必须把手提灯撤出工作面 3m 以外，用手电照明时，应离联线地点 1.5m 以外。

（六）在电爆网路敷设后，待人员撤至安全地区，然后用欧姆表或电桥检查网路导电是否良好，测量出来的电阻与计算电阻相差不得超过 10%。

十三、使用火雷管时，导火线点火只准用香棒；不准使用香烟、火柴或其他明火。

十四、火炮群和电炮群在同一施工地段，先点火炮，后合电闸；点火炮不得两人在同一方向先后点炮，每人点炮数量不得超过 15 个点；起爆后，均不得在最后一炮的 20 分钟前进入工作面。

十五、露天爆破安全警戒距离半径：裸露药包、深眼法、峒室法不得小于 400m；炮眼法（浅眼法）、药壶法小于 200m。

十六、放炮后最少要两人巡视放炮地点，检查处理危岩、支架、瞎炮、残炮。

十七、瞎炮处理应遵守下列规定：

（一）电力爆破通电后没有起爆，应将主线从电源上解开，接成短路。此时，若要进入现场，如系用即发管不得早于短路后 5 分钟；如系延期雷管，不得早于短路后 15 分钟。

（二）由于接线不良造成的瞎炮，可以重新接线起爆。

（三）严禁用掏挖或者在原炮眼内重新装炸药，应该在距离原炮眼 60cm 外的地方，另打眼放炮。

（四）在瞎炮未处理完毕前，严禁在该地点进行其他作业。

十八、爆破材料库应符合防爆、防雷、防潮、防火、和防鼠要求；

并有良好的通风设备，其温度应保持在 10 ~ 30℃之间；库房距村庄或其他建筑物应 800m 以上；不足 800m 的，仓库四周应修筑高出屋檐不得小于 1.5m 的土堤，或用半地下库、山洞库，但其距离不得小于 400m。

十九、炸药拆箱应在库外安全距离内进行，严禁用力敲打。

二十、领取雷管和炸药必须在白天，并由炮工负责，分别装入非金属容器内，严禁装入衣袋，保管和领用人员必须当面点数签字，领用人员并亲送现场，不得转手。

二十一、每天剩余的雷管和炸药，应分别入临时储药小仓库，严禁私自收藏。

二十二、运输爆破材料，要选用符合安全要求的运输工具，不准使用自行车、摩托车或农用车；运输应按规定的路线和时间，由专人押运，押运人员不准随身携带易引起爆炸的危险物，装运爆破材料的车船应在明显的地方插上"危险"的醒目标志，中途临时遇到火源应在上风 200m 以外绕过，下风 300m 以外绕过；中途停歇或遇雷雨，应离房屋、输电线、森林、桥梁、隧道等 200m 以外停放，大雾、风、雪天，应减速行驶。

二十三、炸药、雷管和导爆索不准同车、同船装运；装卸时，应轻拿轻放，放稳绑牢；雷管箱内应用柔性材料填实。

二十四、押运人员不得穿化纤、毛料衣物，禁止携带打火机、电池等物品。

木工安全操作规程 FYGZAQ003

一、模板支撑不得使用腐朽、劈裂的材料；支撑要垂直，底端平整坚实，并加以木垫；木垫要钉牢，并用横杆和剪刀撑拉牢。

二、支模应严格检查，发现严重变形、螺栓松动等应及时修复。

三、支模应按工序进行，模板没有固定前，不得进行下道工序，禁止利用拉杆、支撑攀登。

四、支设 4m 以上的立柱模板，四周必须顶牢，并搭设工作台，系安全带，不足 4m 的，可使用马凳操作。

五、支设独立梁模应设临时工作台，不得站在柱模上操作和梁底模上行走。

六、拆除模板应经施工技术人员同意；操作时应按顺序分段进行，严禁硬砸或大面积整体剥落和拉倒；不得留下松动和悬挂的模板，拆下的模板应及时运送到指定地点集中堆放，防止钉子扎脚。

七、锯木机操作前应进行检查，锯片不得有裂口，螺丝应上紧；锯盘要有防护罩、防护挡板等安全装置，无人操作时要切断电源。

八、操作要戴防护眼镜，站在锯片一侧；禁止站在与锯片同一直线上，手臂不得跨过锯片。

九、进料时必须紧贴垫靠，不得用力过猛，遇硬节慢推；接料要等料出锯片 15cm，不得用手硬拉。

十、短窄料应用棍推，接料使用挂钩；超过锯片半径的材料，禁止上锯。

十一、暴风、台风前后，要检查工地模板、支撑；发现变形、下沉等现象，应及时修理加固，有严重危险的，立即排除。

十二、现场道路应加强维护，斜道和脚手板应有防滑设施。

钢筋工安全操作规程 FYGZAQ004

一、钢材、半成品等应按规格、品种分别堆放整齐，制作场地要平整，工作台要稳固，照明灯具必须加网罩。

二、拉直钢筋，卡头要卡牢，地锚要结实牢固，拉筋 2m 区域内禁止行人；按调直钢筋的直径，选用适当的调直块及传动速度，经调试合格，方可送料，送料前应将不直的料头切去。

三、展开圆盘钢筋要一头卡牢，防止回弹，切断时要先用脚踩紧。

四、人工断料，工具必须牢固；拿錾子和打锤要站成斜角，注意扔锤区域内的人和物体；切断小于 30cm 的短钢筋，应用钳子夹牢，禁止用手把扶，并在外侧设置防护笼罩。

五、多人合运钢筋，起、落、转、停动作要一致，人工上下传送不得在同一垂直线上；钢筋在模板上堆放要分散、稳当，防止塌落。

六、在高空、深坑绑扎钢筋和安装骨架，须搭设脚手架和马道；绑扎立柱、墙体钢筋，不准站在钢筋骨架上和攀登骨架上下；柱在 4m 以内，重量不大，可在地面或楼面上绑扎，整体柱在 4m 以上，应搭设工作台；柱梁骨架应用临时支撑拉牢，以防倒塌。

七、绑扎基础钢筋时，应按施工设计规定摆放钢筋支架或马凳架起上部钢筋，不得任意减少支架或马凳。

八、绑扎高层建筑的圈梁、挑檐、外墙、柱边钢筋，应搭设外挂架或安全网；绑扎时挂好安全带。

九、起吊钢筋骨架，下方禁止站人，必须持架落到离地面 1m 以内方准靠近，就位支撑好方可摘钩。

十、冷拉卷扬机前应设置防护挡板，没有挡板时，应就卷扬机与冷拉方向成 90°，并且应用封闭式导向滑轮；操作时要站在防护挡板后，冷拉场地不准站人和通行。

十一、冷拉钢筋要上好夹具，离开后再发开关信号。

十二、机械运转正常方准断料。断料时，手与刀口距离不得少于 15cm，活动刀片前进时禁止送料。

十三、切断钢筋刀口不得超过机械负载能力，切低合金钢等特种钢筋，要用高硬度刀片。

十四、切长钢筋应有专人扶住，操作时动作要一致，不得任意拖拉。切短钢筋须用套管或钳子夹料，不得用手直接送料。

十五、切断机旁应设放料台，机械运转中严禁用手直接清除刀口附近的断头和杂物；钢筋摆放范围，非操作人员不得停留。

十六、机械上不准堆放物件，以防机械振动落入机体。

十七、钢筋调直，钢筋装入压滚，手与滚筒应保持一定距离；机器运转中不得调整滚筒。

十八、钢筋调直到末端时，人员必须躲开，以防甩开伤人。

十九、短于 2m 或直径大于 9mm 的钢筋调直，应低速加工。

二十、钢筋要紧内贴挡板，注意放入插头的位置和回转方向，不得错开。

二十一、弯曲长钢筋时，应有专人扶住，并站在钢筋弯曲方向的外面，互相配合，不得拖拉。

二十二、调头弯曲，防止碰撞人和物，更换芯轴、加油和清理，须停机后进行。

二十三、钢筋焊接，焊机应设在干燥的地方，平衡牢固，要有可靠的接地装置，导线绝缘良好，并在开关箱内装有防漏电保护的空气开关。

二十四、焊接操作时应戴防护眼镜和手套，并站在橡胶板或木板上；工作棚要用防火材料搭设，棚内严禁堆放易燃易爆物品，并备有灭火器材。

二十五、对焊机接触器的接触点、电机，要定期检查修理，冷却水管保持畅通，不得漏水和超过规定温度。

二十六、钢筋严禁碰、触、钩、压电源电线。

二十七、作业后必须拉闸切断电源，锁好开关箱。

二十八、钢筋工装束要紧身，操作钢筋机械时衣袖要束紧，禁止戴手套。

混凝土工安全操作规程　FYGZAQ005

一、搬运水泥要从上至下，成梯形搬取，不可上下直取，搬运人员须使用防尘巾和戴口罩，交班时应按工作需要穿戴防护镜、手套、口罩、胶鞋等防护用品。

二、临时堆放备用水泥不易堆叠过高，如需堆放在平台上应不超过平台的允许承载能力。

三、手推车子向料斗倒料，应有挡车措施，不得用力过猛和撒把。禁止车子堆料过多和推到挑沿、阳台上直接倒料。

四、用龙门架、井架运输时，小车把不得伸出笼外，车轮前后要挡牢，稳起稳落。

五、浇灌框架、梁、柱混凝土，应设置操作平台，不得直接站在模板或支撑上操作，浇灌深基础时，应检查边坡土质安全，如有异常，应报告施工负责人及时处理、加固。

六、使用混凝土振动器时，应穿绝缘胶鞋，戴绝缘手套。电缆不得在钢筋上乱拖，电源开关箱及电源线的装拆及电气故障的排除应由电工进行。

七、泵送混凝土时，管道的架子必须牢固，泵送官窑自成体系，不得与脚手架等连接，作业人员不得用肩扛、手抱输送管，应使用溜绳托拽；输送前必须试送，检修必须卸压。

八、浇水养护，不得倒退工作并注意楼梯口、预留洞口和建筑物边沿，防止坠落事故；覆盖养护时，应先将预留洞采取可靠措施封盖，不得将覆盖物（草袋、油毡等）遮盖未作保护的预留洞口。

九、使用混凝土外加剂时，如遇有毒、有刺激性挥发性物质，要保持通风，操作人员应戴防毒防具。

十、预应力灌浆，应严格按照规定压力进行，输浆管应畅通，阀门接头要严密、牢固。

搅拌机操作工安全操作规程 FYGZAQ006

一、搅拌机必须安置在坚实的地方，用支架或支脚筒架稳。

二、开动搅拌机前应检查，离合器、制动器、钢丝绳等应良好，滚筒内不得有异物。

三、料斗升起时，严禁任何人在料斗下通过或停留；工作完毕后应将料斗固定好。

四、运转时，严禁将工具伸进滚筒内用。

五、现场检修时，应固定好料斗，切断电源；进入滚筒时，外面应有监护人。

六、搅拌机外壳，必须接零接地良好，其电源的拆装及电气故障的排除应由电工进行；现场使用的搅拌机应设有可防雨、防晒的机棚。

七、工作结束后，应切断搅拌机电源，并将开关箱上锁后，方可离开。

抹灰工安全操作规程 FYGZAQ007

一、室内抹灰使用的木凳、金属支架应搭设平衡牢固,脚手板跨度不得大于 2m;架上堆放材料不得过于集中,在同一跨度内不应超过两人。

二、不准在门窗、暖气片、洗脸池等器物上搭设脚手架;搭设脚手架不得有跷头板,阳台部位粉刷,外侧必须挂设安全网;严禁踩踏脚手架的护身栏杆和阳台栏板上进行操作。

三、机械喷灰喷涂应戴防护用品,防止灰浆溅落眼内,压力表、安全阀应灵敏可靠,输浆管各部接口应拧紧卡牢;管路摆放顺直,避免折弯。

四、输送砂浆应严格按照规定压力进行,超压和管道堵塞,应卸压检修。

五、贴面使用预制件、大理石、瓷砖等,应堆放整齐平稳,边用边运;安装要稳拿稳放,等灌浆凝固稳定后,方可拆除临时支撑。

六、使用磨石机,应戴绝缘手套穿胶靴,电源线不得破皮漏电,金刚石砂块安装必须牢固,经试运转正常,方可操作。

七、浇圈梁、雨篷、阳台,应设防护措施。

八、不得在混凝土养护池边上站立和行走,并注意各处的盖板和地沟孔洞,防止失足坠落。

九、使用振动棒、平板振动器应穿绝缘胶鞋,湿手不得接触开关,电线不得有破皮漏电现象,用电设备必须要有漏电开关。

瓦工安全操作规程 FYGZAQ008

一、瓦工在进入操作岗位时,要正确佩戴好劳动防护用品,穿戴整齐,并注意操作环境是否符合安全要求。

二、墙身砌体高度超过胸部(1.2m)以上时,不得继续砌筑,应及时搭设脚手架;一层以上或高度超过 4m 时,采用里脚手架必须支搭一道固定的安全网和同时设一道随层高度提升的安全网,其离作业层高度不超过 4m；采用外脚手架时，还应设防护栏杆和挡脚板。

三、脚手架上堆料量不得超过规定荷载（均布荷载每平方米不超过 270kg，集中荷载不超过 150kg），堆砖高度不得超过单行侧摆三层。

四、使用外脚手架操作时，外脚架应不低于操作面，并内设操作平台，不得站在无绑扎的探头板上操作。

五、严禁站在墙顶上进行砌筑、划线（勒缝）、清扫墙面、抹面和检查大角垂直等工作。不准在砖墙上行走。

六、在同一竖直面上下交叉作业时，必须设置安全隔板，下方操作人员必须严格按规定戴好安全帽。

七、砌筑使用的工具应放在稳妥的地方。斩砖应面向墙面。工作完毕应将脚手板和砖墙上的碎砖、灰浆清扫干净。碎砖、杂物、工具应集中下运，不得随意乱丢掷，防止掉落伤人。

八、用起重机吊砖时，应采用砖笼，并不得直接放于跳板上；吊砖、浆和料不能装得过满；起吊砌块的夹具要牢固，就位放稳后，方可松开夹具。

九、垂直运输的吊笼、滑车、绳索、刹车等，必须满足负荷要求，吊运时不得超载，并应经常检查，发现问题，及时修理或更换。

十、从砖垛上取砖时，应先取高处后取低处，防止垛倒砸人；砖石运输车辆前后距离，在平道上不小于 2m，坡道上不小于 10m。

十一、在地坑、地沟作业时，要严防塌方和注意地下管线、电缆等。在屋面坡度大于 25°时，挂瓦必须使用移动板梯，板梯必须有牢固的挂钩；没有外架时檐口应搭防护栏杆和防护立网。

十二、在进行高处作业时，要防止碰触裸露电线，对高压电线应注意保持安全距离。

十三、屋面上瓦应两坡同时进行，保持屋面受力均衡，瓦要放稳。屋面无望板时，应铺设通道，不准在桁条、瓦条上行走。

十四、在石棉瓦等不能承重的轻型屋面上工作时，应搭设临时走道板，架设和移动走道板时必须特别注意安全，并应在屋架下弦搭设安全网，不得直接在石棉瓦上操作和行走。

架子工安全操作规程 FYGZAQ009

一、架子工属国家规定的特种作业人员，必须经有关部门培训，考试合格，持证上岗；应每年进行一次体验；凡患高血压、心脏病、贫血病、癫痫病以及不适于高处作业的不得从事架子作业。

二、架工班组接受任务后，必须根据任务的特点向班组全体人员进行安全技术交底，明确分工；悬挂挑式脚手架、门式、碗口式和工具式插口脚手架或其他新型脚手架，以及高度在30m以上的落地式脚手架和其他非标准的架子，必须具有上级技术部门批准的设计图纸、计算书和安全技术交底书后才可搭设；同时，搭设前架工班组长要组织全体人员熟悉施工技术和作业要求，确定搭设方法；搭脚手架前，班组长应带领架工对施工环境及所需的工具、安全防护设施等进行检查，消除隐患后方可开始作业。

三、架工作业要正确使用个人劳动防护用品；必须戴安全帽，佩戴和正确使用安全带，衣着要灵便，穿软底防滑鞋，不得穿塑料底鞋、皮鞋、拖鞋和硬底或带钉易滑的鞋。作业时要思想集中，团结协作，互相呼应，统一指挥。不准用抛扔方法上下传递工具、扣件、零件等；禁止打闹和开玩笑；休息时应下架子，在地面休息；严禁酒后上班。

四、架子要结合工程进度搭设，不宜一次搭得过高；未完成的脚手架，架工离开作业岗位时（如工间休息或下班时），不得留有未固定构件，必须采取措施消除不安全因素和确保架子稳定；脚手架搭设后必须经施工员会同安全员进行验收合格后才能使用；在使用过程中，要经常进行检查，对长期停用的脚手架恢复使用前必须进行检查，鉴定合格后才能使用。

五、落地式多立杆外脚手架上均布荷载每平方米不得超过270kg，堆放标准砖只允许侧摆3层；集中荷载每平方米不得超过150kg；用于装修的脚手架不得超过200kg/m²；承受手推运输车及负载过重的脚手架及其他类型脚手架，荷载按设计规定。

六、高层建筑施工工地井字架、脚手架等高出周围建筑，须防雷击；若在相邻建筑物、构筑物防雷装置的保护范围以外，应安装防雷装置，可将井字架及钢管脚手架一侧高杆接长，使之高出顶端2m作为接闪器，并在该高杆下端设置接地线；防雷装置冲击接地电阻值不得大于4Ω。

建筑电工安全操作规程 FYGZAQ010

一、建筑电工必须经建设行政主管部门考核合格，取得建筑施工特种作业人员操作证书，方可上岗。

二、所有绝缘、检查工具应妥善保管，严禁它用，并定期检查、校验。

三、现场施工用高、低电压设备及线路，应按照施工设计有关电气安全技术规程安装和架设。

四、接电线时，要切断电源，禁止带电操作；潮湿或雨天环境应确保工具绝缘谨慎作业。

五、对每天施工现场的各种用电设备的进出、经常移动的电线进行检查，发现磨损、破损的电线及时用绝缘胶带包扎或更换新的电线。

六、有人触电，立即切断电源，进行急救；电气着火，立即将有关电源切断，并使用干粉灭火器或干砂灭火。

七、安装高压油开关、自动空气开关等有返回弹簧的开关设备时应将开关置于断开位置。

八、用摇表测定绝缘电阻，应防止有人触及正被测的线路或设备；测定电容性或电感性设备、材料后，必须放电；雷电时禁止测定线路绝缘。

九、电流互感器禁止开路，电压互感器禁止短路或升压方式运行。

十、电气材料或设备需放电时，应穿戴绝缘防护用品，用绝缘棒安全放电。

十一、现场高压配电设备，不论带电与否，单人值班不准超越遮栏和从事修理工作。

电焊工安全操作规程 FYGZAQ011

一、电焊工必须经有关部门考核合格，取得特种作业人员操作证书，方可上岗。

二、应注意初、次级线，不可接错，输入电压必须符合电焊机的铭牌规定，严禁接触初级线路的带电部分，初、次级接线处必须装有防护罩。

三、次级抽头联接铜板必须压紧，接线柱应有垫圈，合闸前详细检查接线螺帽、螺栓及其他部件应无松动或损坏；接线柱处均有保护罩。

四、现场使用的电焊机应设有可防雨、防潮、防晒的机棚；并备有消防用品。

五、焊接时，焊接和配合人员必须采取防止触电、高空坠落、瓦斯中毒和火灾等事故的安全措施。

六、严禁在运行中的压力管道、装有易燃易爆物的容器和受力构件上进行焊接和切割。

七、焊接铜、锌、锡、铝等有色金属时，必须在通风良好的地方进行，焊接人员应戴防毒面具或呼吸滤清器。

八、在容器内施焊时，必须采取以下的措施：容器上必须有进、出风口，并设置通风设备；容器内的照明电压不得超过12V，焊接时必须有人在场监护；严禁在已喷涂过油漆或胶料的容器内焊接。

九、焊接预热件时，应设挡板隔离预热焊件发出的辐射热。

十、高空焊接或切割时，必须挂好安全带，焊件周围和下方应采取防火措施并有专人监护；严禁从高处抛弃金属或其他建筑垃圾。

十一、电焊线通过道路时，必须架高或穿入防护管内埋设在地下，如通过轨道时，必须从轨道下面穿过。

十二、接地线及手把线都不得搭在易燃、易爆和带有热源的物品上，接地线不得接在管道、机械设备和建筑物金属构架或铁轨上，绝缘应良好，机壳接地电阻不大于4欧姆。

十三、雨天不得露天电焊。在潮湿地带工作时，操作人员应站在铺有绝缘物品的地方并穿好绝缘鞋。

十四、长期停用的电焊机，使用时，须用摇表检查其绝缘电阻不得低于 0.5 兆欧，接线部分不得有腐蚀和受潮现象。

十五、焊钳应与手把线连接牢固，不得用胳膊夹持焊钳，清除焊渣时，脸部应避开被清的焊缝。

十六、在负荷运行中，焊接人员应经常检查电焊机的升温，如超过 A 级 60℃，B 级 80℃时，必须停止运转并降温。

十七、施焊现场的 10m 范围内，不得堆放氧气瓶、乙炔发生器、木材等易燃物。

十八、移动电焊机时应先停机断电，不得用拖拉电缆的方法移动焊机，如焊接中突然停电，应切断电源。

十九、作业结束后，清理场地、灭绝火种、消除焊件余热后，切断电源、锁好闸箱，方可离开。

二十、电焊机必须安装二次空载降压保护器，交流弧焊机变压器的一次侧电源线长度应不大于 5m；进线处必须设置防护罩。

气焊（割）工安全操作规程 FYGZAQ012

一、进行气焊（气割）作业人员必须持"特种作业操作证"方可上岗操作。

二、氧气瓶、乙炔瓶的阀、表均应齐全有效，紧固牢靠，不得松动、破损和漏气；氧气瓶及其附件、胶管和开闭阀门的扳手上均不得沾染油污。

三、氧气瓶应与其他易燃气瓶、油脂和其他易燃物品分开保存，也不宜同车运输。氧气瓶应有防震胶圈和安全帽，不得在强烈阳光下暴晒。严禁用塔吊或其他吊车直接吊运氧气或乙炔瓶。

四、乙炔胶管、氧气胶管不得错装。乙炔胶管为黑色，氧气胶管为红色。

五、氧气瓶与乙炔瓶储存和使用时的距离不得小于 10m，氧气瓶、乙炔瓶与明火或割炬（焊炬）间距离不得小于 10m。

六、点燃焊（割）炬时，应先开乙炔阀点火，然后开氧气阀调整火焰，关闭时先关闭乙炔阀，再关闭氧气阀。

七、工作中如发现氧气瓶阀门失灵或损坏，不能关闭时，应让瓶内的氧气自动跑尽后再行拆卸修理。

八、氧气胶管，外径 18mm，应能承受 20kg 气压，各项性能应符合 GB 2550—81《氧气胶管》的规定；乙炔胶管，外径 16mm，应能承受 5kg 气压，各项性能应符合 GB 2551—81《氧气胶管》的规定。

九、使用中，氧气软管着火时不得折弯胶管断气，应迅速关闭氧气阀门，停止供气；乙炔软管着火时，应先关熄炬火，可用弯折前面一段胶管的办法将火熄灭。

十、未经压力试验的胶管或代用品及变质老化、脆裂、漏气的胶管及沾上油脂的胶管均不得使用。

十一、不得将胶管放在高温管道和电线上，不得将重物或热的物件压在胶管上，更不得将胶管与电焊用的导线敷设在一起，胶管经过车道时应加护套或盖板。

十二、氧气瓶使用时可立放也可平放（端部枕高），乙炔瓶必须立放使用；立放的气瓶，要注意固定，防止倾倒。

十三、不得将胶管背在腰上操作。割（焊）炬内若带有乙炔、氧气时不得放在金属管、槽、缸、箱内。

十四、工作完毕后应关闭氧气瓶、乙炔瓶，拆下氧气表、乙炔表，拧上气瓶安全帽。

十五、作业结束后，应将胶管盘起、捆好挂在室内干燥的地方，减压阀和气压表应放在工具箱内。

十六、严禁拿焊（割）炬对人和同事开玩笑，无关人员禁止逗留。

十七、工作结束，应认真检查操作地点及周围，确认无起火危险后，方可离开。

十八、对有压力或易燃易爆物品气割前必须经技术人员采取有效安全措施后，方可进行，否则严禁擅自进行气割作业。

机械操作工安全操作规程　FYGZAQ013

一、内燃机摇车启动时，应五指并拢握紧摇柄，从下向上提动，禁止从上向下硬压或连续摇转；用手拉绳启动时，不准将绳绕在手上。

二、内燃机温度过高而需要打开水箱盖时，防止蒸汽或水喷出烫伤。

三、发电机室应设置砂箱和四氯化碳灭火机等防火设备。

四、发电机到配电盘和一切用电设备上的导线，必须绝缘良好，接头牢固，并架设在绝缘支柱上，不准拖在地面上。

五、发电机运转时，严禁人体接触带电部分；必须带电作业时，应有绝缘防护措施。

六、空气压缩机的输气管应避免急弯，打开送风阀前，必须事先通知工作地点的有关人员。

七、空气压缩机出气口处不准有人工作；储气罐放置地点应通风，严禁日光曝晒和高温烘烤。

八、空气压缩机的压力表、安全阀和调节器等应定期进行校验，保持灵敏有效。

九、发现气压表、机油压力表、温度表、电流表的指示值突然超过规定或指示不正常，发生漏水、漏气、漏电、漏油或冷却液突然中断，发生安全阀不停放气或空气压缩机声响不正常等情况，而且不能调整时，应立即停车检修。

十、严禁用汽油或煤油洗刷曲轴箱、滤清器或其他空气通路的零件。

十一、蛙式打夯机手把上应装按钮开关，并包绝缘材料；操作时应戴绝缘手套。

十二、砂轮机不准装倒按钮开关，旋转方向禁止对着主要通道。

十三、砂轮机工件托架必须安装牢固，托架平面要平整。

十四、操作时，应站在砂轮侧面，不准两人同时使用一个砂轮。

十五、砂轮不圆，有裂纹和磨损剩余部分不足 25mm 的不准使用。

十六、手提电动砂轮的电源线，不得有破皮漏电；使用时要戴绝缘手套，先启动，后接触工作。

十七、手电钻的电源线不得有破皮漏电，使用时应戴绝缘手套。

十八、手电钻操作时，应先启动后接触工件。钻薄工件要垫平垫实，钻斜孔要防止滑钻。

十九、手电钻操作时不准用身体直接压在上面。

二十、倒链的链轮盘、倒卡、链条，如有变形和扭曲，严禁使用。

二十一、操作时，不准站在倒链正下方；重物需要在空间停留时间较长时，要将小链拴在大链上。

二十二、千斤顶操作时，应放在平整坚实的地方，并用垫木垫实。

二十三、千斤顶的丝杆、螺母如有裂纹，禁止使用。

二十四、使用油压千斤顶，禁止站在保险塞对面，并不准超载。

二十五、千斤顶提升最大工作行程，不应超过丝杆或齿条全长的75%。

机械维修工安全操作规程 FYGZAQ014

一、工作环境应干燥整洁，不得堵塞通道。

二、多人操作的工作台，中间应设防护网，对面方向操作时应错开。

三、清洗用油、润滑油脂及废油脂，必须指定地点存放；废油、废棉纱不准随地乱丢。

四、扁铲、冲子等尾部不准淬火，出现卷边裂纹时应及时处理，剔铲工件时应防止铁屑飞溅伤人；活动扳手不准反向使用；打大锤时不准戴手套，在大锤甩转方向上不准有人。

五、用台钳夹工件，应夹紧夹牢，所夹工件不得超过钳口最大行程的三分之二。

六、机械解体，要用支架架稳垫实。有回转机构者要卡死。

七、修理机械，应选择平坦坚实地点停放，支撑牢固和楔紧；使用千斤顶时，必须用支架垫稳，且须有安全监护。

八、不准在发动着的车辆下面操作。

九、架空试车，不准在车辆下面工作或检查，不准在车辆前方站立。

十、检修有毒、易燃易爆的容器或设备时，应先严格清洗；经检查合格，并打开空气通道方可操作；在容器内操作，必须通风良好，外面应有人监护。

十一、检修中的机械，应有"正在修理，禁止开动"的标志示警，非检修人员，一律不得发动或转动；检修中，不准将手伸进齿轮箱或用手指找正对孔。

十二、试车时应随时注意各种仪表、声响，发现不正常情况，应立即停车。

十三、推土机维修时：

（一）必须使用专用木马及支架将车体和大型机件架好掩牢，作业现场必须有一名主修人员全面负责指挥和安全监护。

（二）拆装重量超过20公斤的工件时，必须使用起重设备或两人搬运，搬运时，两人应步调一致，互相之间联系确认好，做好呼唤应答。

（三）待安装或拆卸下的工件必须稳妥放置到安全地点，防止滑落伤人，禁止上下抛扔工具、工件等物品。

（四）手持照明灯具必须使用24伏的安全电压，潮湿地点必须使用12伏的安全电压，禁止挂线。

（五）使用起重设备时，必须设专人负责指挥，与天车工或吊车司机应密切配合，做好联系确认，呼唤应答。

（六）禁止站在起吊物上，起吊物下禁止有人作业、通过或停留。

（七）检修作业场所禁止吸烟和动用明火，需切割或焊接的工件必须在专设的动火区内作业，使用汽油、柴油、洗油清洗工件必须远离明火10m以上。

（八）同工种之间或与其他工种在车上、车下、车里、车外配合作业时，应互相联系确认好，做好呼唤应答。

（九）发动车时，必须做好检查工作，确认无误后，方可启动发动机进行试车，试车必须由负责检查的人员进行。

（十）进行维护、保养、加油时，禁止吸烟和动用明火，应将设备停放在平坦的地面，关闭发动机，方可作业。

（十一）检修、维护抬起的推土板或更换铲刀时，推土板或铲臂必须采取支护措施。

（十二）工作结束后，必须将作业场所清扫干净，做好文明生产。

卷扬机司机安全操作规程 FYGZAQ015

一、必须遵守安全操作规程和安全生产十大纪律。

二、卷扬机司机必须经专业培训，熟悉和掌握卷扬机技术性能、安全知识和管理制度，考核合格持证上岗，不准将卷扬机交给无证人员操作。

三、卷扬机应安装在平整坚实、视野良好的地点，机身和地锚必须牢固；卷扬筒与导向滑轮中心线垂直对正；卷扬机距离滑轮一般应不小于 15m。

四、卷扬机操作棚必须符合防雨、防火和抗冲击的要求，控制开关箱（台）、卷扬机及接地电线安装完毕后，必须经验收合格挂牌，方可使用。

五、作业前，应检查卷扬机与地面固定情况、钢丝绳、离合器、制动器、保险棘轮、传动滑轮、防护设施、电气线路等，制动器灵敏，松紧适度，联轴节螺栓紧固，弹性皮圈完好无磨损、缺少，接零接地保护装置是否良好；卷筒上绳筒保险完好不得缺档松动；皮带、开式齿轮传动部位防护罩齐全有效；确认全部合格后，方准操作。

六、以动力作正反转的卷扬机，卷筒旋转方向应同操纵开关上指示方向一致。

七、作业中，卷筒上钢丝绳应排列整齐，并至少保留三圈以上。如发现钢丝绳重叠斜绕，应停机重新排列；但应先检查卷扬机与地面固定的情况有无移位、走动，找出原因后再重新调整；严禁在转动中用手脚去推、踩钢丝绳，严禁用手或脚去调整排列或检修、保养。

八、卷扬机的手、脚制动操纵杆动作的行程范围内，不得有任何障碍，以防急刹车时碰伤手脚或影响操作造成大事故。

九、卷扬机不得起吊或拖拉超过额定重量的物体；吊运重物需在空中停留时，除使用制动器外，并应用棘轮保险卡牢；休息时将吊物放至地面；作业中如遇突然停电应先切断电源，然后按动刹车慢慢地点动放松，将吊物匀速缓缓地放至地面。

十、制动衬垫，应防止受潮和沾染油污；如遇打滑失灵应立即停车，进行修理调整。

十一、钢丝绳通过通道时，应加保护装置，不准人踩、车压，作业中任何人不得跨越正在工作中的卷扬机钢丝绳；物件提升中，操作人员不得离岗。

十二、工作中要听从指挥人员的信号，当信号不明或可能引起事故时，应先停机待信号明确后方可继续作业。

十三、作业完毕后应切断电源，锁好操纵箱，关闭总电源，盖好防护罩，并做好清洁、润滑保养工作。

施工升降机司机安全操作规程 FYGZAQ016

一、升降机司机必须身体健康，能胜任高空作业。

二、司机要受过专门培训，经考核合格取得特种作业人员操作证，才能操作升降机。

三、接班第一次开车，应满载将吊笼开至离地面 1m 处，停车检查吊笼是否有自动下滑现象，如发生下滑现象，必须调整电磁制动器的间隙。

四、司机开车时要集中思想，严禁与他人闲谈。

五、严禁超载运行，载重或载人应符合说明书要求。

六、随时注意信号，观察运转状况，发现异常必须立即停车，待故障排除后方能开车。

七、严禁装载超过吊笼宽度和高度的物品和材料。

八、视野很差、大雾、雷雨天气和危险条件时，严禁开车。

九、合闸总启动后司机不准离开吊笼，只有在取走电锁钥匙后，方能离开吊笼。

十、制动、限速部件发现异常或失灵时严禁开车。

十一、大风条件下应注意安全，当风力达到 6 级以上时，不准开车，并将吊笼降到最低层。

十二、卸料平台安全门未关好，不得开动吊笼。

十三、下班后必须打扫吊笼，做好当班记录，拉开开关，锁好控制箱和低笼门，填写运行记录，做好交接班。

十四、严禁非司机开车。

塔式起重机司机安全操作规程 FYGZAQ017

一、塔式起重机司机必须经省级建设行政主管部门考核合格，取得建筑施工特种作业人员操作证书，方可上岗。

二、塔吊运行的工作条件：环境温度为 +40℃ ~ −20℃；风力低于六级（20m/s）；电源电压为 380V ± 5%，遇雷雨、暴雨、风速超过六级时应立即停止作业。

三、塔吊必须设置重复接地，接地电阻不应大于 4 欧姆，在主电路、控制电路中，对地绝缘电阻不得小于 0.5 兆欧。

四、在总闸闭合后必须用试电笔检查塔吊金属结构是否带电，确认安全后方可登上塔吊进入驾驶室。

五、工作前应检查电源电压是否符合要求，检查各操作手柄是否处于零位。

六、起吊前应进行空载运转，检查回转、起升、变幅等各机构的制动器、安全限位器、防护装置等，确认正常后方可作业。

七、塔吊重新安装后，必须进行运转试验，验收合格后方可使用。

八、司机必须按照指挥信号进行操作，如发现指挥信号不明确，应发出询问信号和停止操作，如果发现信号有误并可能引发事故，司机有权拒绝执行。

九、操作控制器应逐档加速或减速，不得越档调速及高速突然停车，严禁开反档制动。

十、操作过程中发现出现不正常现象和异响，应将重物稳妥降落，切断电源查找原因，排除故障后方可继续操作。

十一、禁止塔吊在运转情况下进行调试或检修。

十二、塔吊起升作业必须按照起升特性表操作，重物接近最大起重量的要进行试吊，先将重物提升离地面 0.5m 左右，仔细检查，确保安全后方可正式起吊。

十三、严格执行"十不吊"规定。

十四、塔吊在运行中禁止用手触摸钢丝绳及滑轮，以免发生事故。

十五、工间休息和下班后，不得将重物悬挂在空中；如遇停电无法降落时，可用人力缓慢松脱制动器，使重物慢慢降至地面。

十六、工作完毕后各操作手柄，必须扳到零位，切断电源，锁好配电箱，关好驾驶室门窗，必要时上锁。

十七、塔吊司机每班工作时间不得超过 6 小时，未经同意，不得私自换班或延长工作时间。

起重指挥司索工安全操作规程　FYGZAQ018

一、起重指挥司索工必须是 18 周岁以上（含 18 周岁），视力（包括矫正视力）在 0.8 以上，无色盲症，听力能满足工作条件的要求，身体健康者。

二、起重指挥司索工必须经省级建设行政主管部门考核合格，取得建筑施工特种作业人员操作证书，方可上岗。

三、起重指挥司索工对所使用的起重机械，必须熟悉其技术性能。

四、起重指挥司索工不能干涉起重机司机对手柄或旋钮的选择。

五、负责载荷的重量估算和索具的正确选择。

六、作业前应对吊具和索具进行检查，确认合格后方可投入使用。

七、起吊重物前，应检查连接点是否牢固可靠。

八、作业中不得损坏吊物、吊具和索具，必要时应在吊物与吊索的接触处加保护衬垫。

九、起重机吊钩的吊点，应与吊物重心在同一铅垂线上，使吊物处于稳定平衡状态。

十、禁止人员站在吊物上一同起吊，严禁人员停留在吊重物下。

十一、起吊重物时，司索指挥人员应与重物保持一定的安全跨度。

十二、应做到经常清理作业现场，保持道路畅通。

十三、应经常保养吊具、索具，确保使用安全可靠，延长使用寿命。

十四、在高处作业时，应严格遵守高处作业的安全要求。

十五、捆绑后留出的绳头，必须紧绕吊钩或吊物上，防止吊物移动时，挂住沿途人员或物件。

十六、吊运成批零散物件时必须使用专用吊篮、吊斗等器具，并经常检查吊篮、吊斗等器具及其上吊耳与吊索连接处的情况。

十七、吊重物就位前，要垫好衬木，不规则物件要加支撑，保持平衡，物件堆放要整齐平稳。

十八、起重指挥司索工作业时应佩戴鲜明标志和特殊颜色的安全帽。

十九、在开始指挥起吊负载时，用微动信号指挥；待负载离开地面 100～200mm 时，停止起升，进行试吊，确认安全可靠后，方可用正常信号指挥重物上升。

二十、指挥起重机在雨、雪天气作业时，应先进行试吊，检查制动器灵敏可靠后，方可进行正常的起吊作业。

二十一、起重指挥司索工选择指挥位置时：

（一）应保证与起重机司机之间视线清楚。

（二）在所指定的区域内，应能清楚地看到负载。

（三）指挥人员应与被吊运物体保持安全跨度。

（四）指挥人员不能同时看见起重机司机和负载时，应站到能看见起重机司机的一侧，并增设中间指挥人员传递信号。

二十二、起重机不应靠近架空输电线路作业，如遇特殊情况，必须在线路近旁作业时，应采取安全保护措施，起重机与架空输电导线的安全距离不得小于下表规定。

起重机与架空输电导线的安全距离

输电电线电压（kV）	< 1	1 ~ 15	20 ~ 40	60 ~ 110	220
允许沿输电导线垂直方向最近距离(m)	1.5	3	4	5	6
允许沿输电导线水平方向最近距离(m)	1	1.5	2	4	6

移动式起重司机安全操作规程 FYGZAQ019

移动式起重机含：履带式起重机、轮胎式起重机、汽车式起重机等。

一、起重机操作人员应经培训考试合格取得特种作业人员操作证后，凭操作证操作，严禁无证开机。

二、移动式起重机发动机启动前应分开离合器，并将各操纵杆放在空档位置上。同机操作人员互相联系好后方可启动。

三、履带式起重机吊物行走时，臂杆应在履带正前方，离地高度不得超过50cm，回转、臂杆、吊钩的制动器必须刹住；起重机不得作远距离运输使用。

四、移动式起重机行走拐弯时不得过快过急；接近满负荷时，严禁转弯，下坡时严禁空档滑行。

五、用变换档位起落臂杆操纵的起重机，严禁在起重臂未停稳时，变换档位，以防滑杆。

六、现场作业人员禁止乘轮胎式、汽车式起重机的吊钩上下。

七、轮胎式、汽车式起重机禁止吊物行驶；工作完毕起腿、回转臂杆不得同时进行。

八、汽车式起重机行驶时，应将臂杆放在支架上，吊钩挂在保险杠的挂钩上，并将钢丝绳拉紧。

九、汽车式全液压起重机还必须遵守下列规定：

（一）作业前应将地面处理平坦放好支腿，调平机架。支腿未完全伸出时，禁止作业。

（二）有负荷时，严禁伸缩臂杆。接近满负荷，应检查臂杆的挠度。回转不得急速和紧急制动，起落臂杆应缓慢。

（三）操作时，应锁住离合器操纵杆，防止离合器突然松开。

打桩机司机安全操作规程　FYGZAQ020

一、各种桩机操作人员应经培训考试合格取得特种作业人员操作证后，凭操作证操作，严禁无证操作。

二、桩架应垂直，桩架前倾不得超过 5°，后仰不得超过 18°。

三、吊桩钢丝绳与导杆的夹角不得大于 30°，吊桩应按起重工操作规程操作；吊预制桩时，严禁斜位、斜吊。

四、插桩后应将吊锤的钢丝绳稍许放松，以防锤头打下时，猛拉钢丝绳，吊锤钩头应锁住。

五、柴油锤桩机，吊锤、吊桩必须使用卷扬机的棘轮保险；桩锤启动打桩前应拉开机械锁，使冲锤齿爪缩回，启动钩伸出后方可启动，防止将锤体吊离桩顶发生倒桩事故。

六、柴油锤桩机，用调整供油量控制落锤高度，见到上活塞第二道活塞环时，必须停止锤击。

七、柴油锤桩机，打桩作业结束时，汽缸应放在活塞座上。桩锤应用方木垫实或用销子锁住。

八、振动沉桩时，禁止任何人停留在机架下部；振动拔桩时，应垂直向上，边振边拔。

九、静力压桩机的施工场地应平整夯实，坡度不大于 3%，无积水，确认无地下埋藏物。

十、静力压桩机的电源电缆必须架空，电箱和电动机接地接零保护线牢固可靠，触电保护器动作灵敏有效，不得在高低压电线下压桩，移动桩机时必须保持与高压线安全距离不小于 6m。

十一、作业前，检查液压系统连接部位是否牢靠，进行空载运转，检查有无漏油，压力表、安全阀是否正常，确认安全后，方可作业。

十二、打桩作业中，应设置警戒区域，禁止行人通过或站立停留。

十三、桩机发生故障时，应断电、停机，报告机修组检修，不得擅自检修，禁止未停机时检修或接桩。

十四、遇大雨、大雾或六级及其以上大风时，应立即停止打桩作业，并加固桩机。

打桩机工安全操作规程 FYGZAQ021

一、用扒杆安装塔式桩架时，升降扒杆动作要协调，到位后拉紧缆风，绑牢底脚；组装时应用工具找正螺孔，严禁把手指伸入孔内。

二、安装履带式及轨道式柴油打桩机，连接各杆件应放在支架上进行；竖立导杆时，必须锁住履带或用轨钳夹紧，并设置溜绳。

三、导杆升到 75° 时，必须拉紧溜绳。待导杆竖直装好撑杆后，溜绳方可拆除。

四、移动塔式桩架时，禁止行人跨越滑车组。

五、横移直式桩架时，左右缆风要有专人松紧，两个鬏头要同时绕，底盘距扎沟滑轮不得小于 1m。

六、纵向移动直式桩架时，应将走管上扎沟滑轮及木棒取下，牵引钢丝绳及其滑车组应与桩架底盘平行。

七、绕鬏头应戴帆布手套，手距鬏头不得小于 6cm。

八、一根钢丝绳头不准同时绕在两个鬏头上，若发生缠绕应立即停车反转解除。

九、移动桩架和停止作业时，桩锤应放在最低位置。

十、吊桩前应将桩锤提升到一定位置固定牢靠，防止吊桩时桩锤坠落。

十一、起吊时吊点必须正确，速度要均匀，桩身应平稳，必要时桩架应设缆风。

十二、桩身附着物要清除干净，起吊后人员不准在桩下通过；吊桩与运桩发生干扰时，应停止运桩。

十三、插桩时，手脚严禁伸入桩与龙门之间。

十四、打桩时应采取与桩型、桩架和桩锤相适应的桩帽及衬垫，发现损坏应及时修整或更换。

十五、锤击不宜偏心，开始落距要小。如遇贯入度突然增大，桩身突然倾斜、位移，桩头严重损坏、桩身断裂、桩锤严重回弹等应停止锤击，经采取措施后方可继续作业。

十六、套送桩时，应使送桩、桩锤和桩三者中心在同一轴线上。

十七、拔送桩时应选择合适的绳扣，操作时必须缓慢加力，随时注意桩架、钢丝绳的变化情况。

十八、送桩拔出后，地面孔洞必须及时回填或加盖。

十九、灌注桩桩管沉入到设计深度后，应将桩帽及桩锤升高到4m以上锁住，方可检查桩管或浇筑混凝土。

二十、耳环及底盘上骑马弹簧螺丝，应用钢丝绳绑牢，防止折断时落下伤人；耳环落下时必须用控制绳，禁止让其自由落下。

二十一、钻孔灌注桩浇筑混凝土前，孔口应加盖板，附近不准堆放重物。

旋挖机司机安全操作规程 FYGZAQ022

一、作业前的准备：

（一）操作人员必须经过专业培训，具有本机器的相关专业知识，持证上岗。

（二）检查配套装备、辅助装置、水电设施和附件工具是否齐全、完整，相关的协调作业是否到位，能否满足正常作业的需要。

（三）详细了解施工要求和地质结构，选择符合钻机性能并满足施工要求的机具和附件。

（四）工作场地应平整、坚实，满足钻机正常工作和承载要求，确保主通道的畅通、安全。

（五）钻机工作环境的地面坡度应小于5°，钻机在有坡度的地面工作时桅杆必须调整竖直，以保证钻孔的垂直和准确性。

（六）检查各部油位及润滑点是否符合规定标准，液压系统是否正常。

（七）不准无关人员进入操作室，一切人员不得在履带和机架上停留，不准在作业区堆放燃料，放置妨碍操作的任何物体。

（八）夜间施工时，钻机必须灯光齐全，作业区必须有良好的照明设备。

（九）在低温区，钻机工作前，应将液压油预热到40℃左右再进行作业。

（十）检查底盘的履带是否伸展到位，锁止系统是否有效。确保钻机作业时的稳定。

（十一）钻机作业范围内应设置明显的安全标志，距钻机顶部及周围5m以内的范围不能有高压电线。

（十二）移去桅杆上节上的回折固定销轴，打开桅杆末端，并和桅杆过渡节可靠连接。举升大臂桅杆到驾驶室之上。操作倾斜油缸，直至桅杆下节和整个桅杆成一直线，然后插入销子。把桅杆提升到垂直位置，伸出加压油缸并和动力头可靠连接。

（十三）将桅杆前倾2°～3°，提升钻杆到末端高度超过动力头后，调整桅杆并移动钻杆穿入动力头里面，打开钻杆导向架滑轨扣在桅杆导轨上再起升；调整桅杆高度，用移动钻杆和移动机器的方法安装钻具和绞绳。

（十四）钻机安装完毕后，检查钻机发动机，传动装置，操作系统，主、副卷扬，仪器，仪表等是否正常。经试运转确认各部正常后，方可开始工作。

（十五）检查井口护筒及其埋设是否符合要求。

二、作业与变换桩位的要求：

（一）旋挖钻机开始作业前应发出信号；将钻头移至孔位，并将其放置于地面，锁定行走装置。

（二）将钻头对准孔位后，锁定回转装置，踩住浮动脚踏，通过手柄控制动力头的旋转钻进。

（三）钻进时，应有统一的指挥人员，不允许多头指挥，多班作业时，应坚持交接班制度，做好交接班记录。

（四）在旋挖过程中，应根据使用的钻具和土层硬度的不同，操作加压油缸进行加压钻机，在开始几米时，钻头加压不得过急，过度加压易造成偏孔；如需增加护筒时，可借助桅杆下节的支撑油缸来达到下压的目的。

（五）旋挖钻具装满后，在提升钻杆以前应让动力头逆时针旋转，等钻杆加压点与动力键槽脱开后，用主卷物提升钻杆，若拉力不够，可同时使用加压油缸提升。

（六）旋头提升出护筒至没有障碍物的高度，注意转动筒的底部不得碰到桅杆，转动机器的上部到卸土位置，提起钻杆，打开钻头卸土。

（七）钻头卸完土后，朝合适的方向转动，并轻轻地降至地面，使钻具关闭，确保钻杆解锁并回到工作位置，并注意起落钻头要平稳，避免撞击护筒。

（八）随时注意井内的水位，保持规定的水压，经常测量泥浆的比重，并保持稳定流量，严禁出现负压。

（九）作业时，禁止任何人上下机械和传递物体，不准边工作边维修、保养；不要随便调节发动机，调速器以及液压系统，电气系统等；当地面风速超过 20m/s 时，必须终止作业。

（十）回转平台上部回转运动时，不能反向作回转手柄，必须等制动停稳后进行。

（十一）操作人员必须随时注意机械各部件的运转情况，经常察看液压油温度和各种报警装置，发现异常应立即停机，及时检修。

（十二）钻机歇工时，不得将钻机处于钻挖状态，应将钻头提出孔外放在地面上，使卷扬处于不带负荷的状态；安全控制手柄处在拉起状态，并对机器进行例行检查。

（十三）钻机变换桩位时，桅杆应向后倾斜，增加钻机的稳定性。当地面有坡度时，其坡度应小于 10°，此时桅杆必须后倾 10°～15°，钻杆或钻具必须靠近地面（20～30cm）。

（十四）钻机近距离移动时，必须有助手指挥；上部机身不得回转；行走路线，必须无障碍；地面必须坚固平整，如遇沟槽必须用枕木垫实。

三、作业后的要求：

（一）作业完毕后，应将钻机停放在坚实、平坦的地面，安全控制手柄处于拉起的状态。

（二）锁好驾驶室、所有车门和发动机盖，并按规定进行例行保养。

（三）如停放时间较长时，还应拆除钻杆和钻具，并按规定的位置进行存放，降下桅杆。

机动车司机安全操作规程 FYGZAQ023

一、严格遵守交通规则和有关规定，驾驶车辆必须证、照齐全，不准驾驶与证件不符的车辆，严禁酒后开车。

二、机动车发动前应将变速杆放在空档位置，并拉紧手刹车。

三、发动后应检查各种仪表、方向机构、制动器、液压自卸系统、灯光等是否灵敏可靠，并确认周围无障碍物后，方可鸣号起步。

四、汽车涉水和通过漫水桥时，应事先查明行车路线，并需有人引车；如水深超过排气管时，不得强行通过；严禁熄火。

五、在坡道上被迫熄火停车，应拉紧手制动器，下坡挂倒档，上坡挂前进档，并将前后轮楔牢。

六、车辆通过泥泞路面时，应保持低速行驶，不得急刹车。

七、在冰雪路面上行驶时，应装防滑链条，下坡时不得滑行，并用低速档控制速度，禁止急刹车。

八、车辆陷入坑内，如用车牵引，应有专人指挥，互相配合。

九、气制动的汽车，严禁气压低于 $2.5 kg/cm^2$ 时起步，若停放在坡道上，气压低于 $4 kg/cm^2$ 时，不得滑行发动。

十、货车载人，应按有关管理部门规定执行，任何人不得强令驾驶员违章带人，严禁人货混装；自卸汽车的车箱内严禁载人。

十一、装载构件和其他货物时，宽度左右各不得超出车箱20cm，从地面算起不得超过4m，长度前后共不得超过车身2m，超出部分不得触地，并应摆放平稳，捆扎牢固，如装运异形特殊物件，应备专用搁架。

十二、运输超宽、超高和超长的设备和构件，除严格遵守交通部门的有关规定外，还必须事先研究妥善的运输方法，订出安全措施。

十三、装运易燃、易爆或其他危险品时，应遵守有关安全行车规定。

十四、自卸车发动后，应检试倾卸液压机构。

十五、配合挖土机装料时，自卸汽车就位后，拉紧手刹车。如挖斗必须超过驾驶室顶时，驾驶室内不得有人。

十六、自卸车卸料时，应选好地形，并检视上空和周围有无电线、障碍物以及行人。自卸车卸料时应鸣笛警示。卸料后，车斗应及时复原，不得边走边落。

十七、向坑洼地卸料时，必须和坑边保持适当安全距离，防止边坡坍塌。

十八、重车下坡和转弯应减速慢行。下坡应提前换档，不得中途换档。

十九、检修倾卸装置时，应撑牢车箱，以防车箱突然下落伤人。

二十、机动翻斗车向坑槽或混凝土集料斗内卸料时，应保持适当安全距离和设置档墩，以防翻车。

二十一、机动翻斗车除驾驶员外，车上严禁带人；转弯时应减速，行驶中应注意来往行人及周围物料、设备。

土方机械司机安全操作规程 FYGZAQ024

一、土方机械均属场内机动车辆，司机按有关规定培训，并考核合格，持证上岗。

二、机械启动前应将离合器分离或将变速杆放在空档位置；确认机械周围无人和障碍物时，方可作业。

三、行驶中人员不得上下机械和传递物件；禁止在陡坡上转弯、倒车和停车；下坡不准空档滑行。

四、停车以及在坡道上熄火时，必须将车刹住，刀片、铲斗落地。

五、钢丝绳禁止打结使用，如有扭曲、变形、断丝、锈蚀等应及时更换。

六、挖掘机操作中，进铲不应过深，提斗不应过猛。一次挖土高度一般不能高于4m。

七、挖掘机向汽车上卸土应待车子停稳后进行，禁止铲斗从汽车驾驶室上越过。

八、挖掘机后退时应先鸣笛，铲斗回转半径内禁止有人经过，回转半径内如遇有推土机工作时，应停止作业。

九、挖掘机行驶时，臂杆应与履带平行，要制动往回转机构，铲斗离地 1m 左右。上下坡时，坡度不应超过 20°。

十、装运挖掘机时，严禁在跳板上转向和无故停车；上车后应刹住各制动器，放好臂杆和铲斗。

十一、装载机操纵手柄应平顺。臂杆下降时，中途不得突然停顿。

十二、行驶时，须将铲斗和斗柄的油缸活塞完全伸出，使铲斗、斗柄和动臂靠紧。

十三、推土机手摇启动时，必须五指并拢；用拉绳启动时不得将绳缠在手上。

十四、推土机使用钢丝绳牵引重物起步时，附近不得有人。

十五、向边坡推土，刀片不得超出坡边，并在换好倒档后才能提升刀片倒车。

十六、推土机上下坡不得超过 35°，横坡行驶不得超过 10°。

十七、铲运机在新填的土堤上作业时，铲斗离坡边不得小于 1m。

十八、拖式铲运机上下坡不得超过 25°，横坡不得超过 6°。

十九、多台土方机械同时作业时，前后距离不得小于 10m；多台自行式铲运机两机间距不得小于 20m。

二十、压路机禁止在坡道上停车，必须停车时应将制动器制动住，并楔紧滚轮。

二十一、两台以上压路机碾压时，其间距应保持 3m 以上。

二十二、自行式平地机，调头和转弯应减速；行驶时，必须将刮刀和齿把升到最高处，刮刀两端不得超出后轮胎外侧。

保温、防水工安全操作规程 FYGZAQ025

一、水暖管道或设备安装时所使用的机械设备都应有专用的末级开关箱，并且开关箱与机械设备的距离不得大于 3m；必须实行"一机一阀一漏一箱"制。

二、水暖工在现场进行预制、安装时，作业场所应干燥平整。使用机具进行作业时，必须有充裕的操作空间。

三、管道吊装时，倒链荷载应与所吊重物相匹配，且倒链完好无损；吊件下方禁止站人，管道固定牢固后，方可松倒链。

四、安装立管应从下往上安装，安装后应及时固定好，以免意外。

五、管子串动和对口，动作要协调，手不得放在管口和法兰接合处。

六、使用人力弯管器弯管时，应选择平整的场地；不可在高低不平处或高处临边作业，操作时面部要避开，以防意外。

七、安装管道时必须有已完结构或操作平台为立足点；严禁在安装中的管道上站立或行走。

八、楼板砖墙打透眼时，板下、墙后不得有人靠近。

九、剔槽打洞时须戴防护眼镜，锤头不得松动，管洞即将打透时必须缓慢轻打。

十、进行电焊、气焊时必须按规定穿戴好防护用品（戴安全帽、穿绝缘鞋、戴绝缘手套）。

十一、用锯床、钢锯架、切管器、砂轮切管机切割管子，要垫平卡牢；临近切断时，用力不得过猛，应用手或支架托住。

电梯安装工安全操作规程　FYGZAQ026

一、电梯安装操作人员，必须经身体检查，凡患心脏病、高血压病者，不得从事电梯安装操作。

二、进入施工现场，必须遵守现场一切安全制度。操作时精神集中，严禁饮酒，着装整齐，并按规定穿戴个人防护用品。

三、进入井道施工时，电梯井口必须做好安全防护措施及安全警示标牌。

四、电梯安装井道内应使用足够的照明灯，保持一定的亮度，其电压不得超过 36V；操作用的手持电动工具必须绝缘良好，漏电保护器灵敏、有效。

五、梯井内操作必须系安全带；上、下走爬梯，不得爬脚手架；操作使用的工具用毕必须装入工具袋；物料严禁上、下抛扔。

六、电梯安装使用脚手架必须经组织验收合格，办理交接手续后方可使用。

七、焊接动火应办理用火证，备好灭火器材，严格执行消防制度；施焊完毕必须检查火种，确认已熄灭方可离开现场。

八、设备拆箱、搬运时，拆箱板必须及时清运码放指定地点；拆箱板钉子应打弯；抬运重物前后呼应，配合协调。

九、长形部件及材料必须平放，严禁立放。

油漆（涂料）工安全操作规程 FYGZAQ027

一、手工涂刷：

（一）使用煤油、汽油、松香水、香蕉水等易燃物调配时，应配带好防护用品，室内通风良好，不准吸烟，并设置灭火器。

（二）外墙外窗悬空高处作业时，应戴好安全帽，系好安全带；安全带应高挂低用。

（三）沾染油漆或稀释剂类的棉纱、破布等物，应集中存放在金属箱内，等不能使用时集中销毁或用碱性溶液洗净以备再用。

（四）用钢丝刷、板锉、气动或电动工具清除铁锈或铁鳞时，须戴好防护目镜；在涂刷红丹防锈漆和含铅的油漆时，要注意防止铅中毒，操作时要戴口罩或防毒面具。

（五）刷涂耐酸、耐腐蚀的过氧乙烯涂料时，由于气味较大，有毒性，在刷涂时应戴好防毒口罩，每隔一小时到室外换气一次；工作场所应保持良好的通风。

（六）使用天然漆（即国漆）时，要防止中毒。禁止已沾漆的手触摸身体的其他部位；中毒后要用香樟木块泡开水冲洗患部，也可用韭菜在患部搓揉，或去医院治疗。

（七）油漆窗子时，严禁站在或骑在窗栏上操作，以防栏断人落；刷封沿板或水落管时，应利用建筑脚手架或专用脚手架进行。

（八）刷坡度大于 25° 的铁皮屋面时，应设置活动跳板防护栏杆和安全网。

（九）涂刷作业时，如感头痛、恶心、胸闷或心悸时，应立即停止作业到户外换吸新鲜空气。

（十）夜间作业时，照明灯具应采用防爆灯具。涂刷大面积场地时，室内照明或电气设备必须按防爆等级规定安装。

二、机械喷涂：

（一）在室内或容器内喷涂，必须保持良好的通风（一般尽量在露天进行）。作业区周围严禁有火种或明火作业。

（二）喷涂时如发现喷得不均匀，严禁对着喷嘴察看，调整出气嘴与出漆嘴之间的距离来解决；一般情况应在施工前用水试喷，无问题后再正式进行。

（三）喷涂对人体有害的油漆涂料时，应戴防毒口罩；如对眼睛有害，则须戴上封闭式眼镜。

（四）喷涂硝基漆和其他易挥发易燃性溶剂的涂料时，不准使用明火或吸烟。

（五）为避免静电聚集，喷漆室或罐体应设有接地保护装置。

（六）在室内或容器内喷涂时，电气设备安装必须按防爆等级规定进行。

（七）大面积喷涂时，电气设备安装必须按防爆等级规定进行。

（八）喷涂人员作业施工中，如有头痛、恶心、心悸等不明情况，应立即停止作业，到通风处换气，如仍感不适，应去医院医治。

管道安装工安全操作规程 FYGZAQ028

一、使用工具进行管道附件、阀件修配时，应遵守相应的钳工安全技术操作规程。

二、人工搬运管材，起落要一致；用起重机械吊运时，应遵守起重吊运安全技术操作规程。

三、加热工作，应遵守气割气焊安全技术操作规程。

四、禁止在有压力的各种气体管道和附件上进行修理工作；修理易燃、易爆气体、蒸汽和液体管道时，必须先切断气体和液体来源，清除余气、余液，并采取相应的防火防爆措施；若动火作业，要根据情况清洗和吹扫后，方能工作。

五、锯割管子时，要垫平、卡牢；在快锯断时，不要用力过猛；用砂轮片切割时，人要站在侧面。

六、机械弯管、火工弯管时，应遵守弯管工安全技术操作规程。

七、套丝时，工件要支平夹牢，工作台要平稳，两人以上工作，动作要协调。

八、管子串动和对口时，手不得放在管口和法兰接合处。

九、水管打铅封口时，必须将接口处擦干或烘干，灌铅时要防止爆溅。

十、管道送气时，阀门要缓慢开启，人应站在侧面操作。

十一、在带电物体附近工作时，应采取可靠的隔离措施，不能采取有效措施的应先停电。

十二、在高处工作，若无可靠的站台，应系安全带，佩戴安全帽。紧固导管和零件时，应一手用力，另一手攀住固定物；递接材料、工具不能投掷，应用绳吊上。

十三、沟内施工，应及时加设支撑，防止土方松动、溶水、塌方；向沟槽内下管时，沟内不得有人，所用索具、支架必须牢固。

十四、道路上挖沟、坑，应有栏栅和标志，晚上应有照明或红灯标志。

十五、管道和附件试压，应分级缓慢升压，试验压力不得随意增减。停泵稳压后，方可检查。有压力时不得敲击、弯曲。非检查人员不得在附近停留。

十六、氧气管道及附件安装修理后，要脱脂清洗和吹扫；乙炔管道安装和修理后要用惰性气体吹扫。

十七、工作完毕要整理现场、清理工具、零件，防止遗漏在管、沟和设备内；各种盲板堵塞要拆除；沟、坑要填平，恢复正常状态。

玻璃工安全操作规程 FYGZAQ029

一、裁割玻璃应在专门的房间里或指定场所进行；边角余料要集中堆放，并及时处理。

二、搬运玻璃应戴手套或用布、纸垫衬玻璃，将手及身体裸露部分隔开；散装玻璃运输必须采用专门夹具（架），玻璃应直立堆放，不得水平堆放。

三、翻拿玻璃时，需两端各一名操作人员配合，禁止一人翻拿玻璃，防止翻拿玻璃幅度过大，倾翻伤人。

四、安装玻璃所使用的工具应放入工具袋内，随安随取；严禁将铁钉含在口内。

五、独立悬空高处作业必须系好安全带，不准一手腋下挟住玻璃，一手扶梯攀登上下。

六、安装 2m 以上的窗扇玻璃时，应戴好并系挂安全带，不得在竖直方向的上下两层同时作业，以免玻璃破碎掉落伤人。

七、天窗及高层房屋安装玻璃时，施工点的下面及附近严禁行人通过，以防玻璃及工具掉落伤人。

八、大屏幕玻璃安装应搭设吊架或挑架，从上至下逐层安装，抓拿玻璃时应用橡皮吸盘。

九、门窗等安装好的玻璃应平整、牢固，不得有松动现象；安装完毕应随即将风钩挂好或插上插销，以防风吹窗扇碰碎玻璃掉落伤人。

十、安装屋顶玻璃，应设脚手架或采取其他安全措施。

十一、安装完毕，所剩的残余玻璃应及时清扫集中堆放，并要尽快处理，以免伤人。

十二、在高处安装玻璃，应将玻璃放置平稳，垂直下方禁止通行；安装屋顶采光玻璃，应铺设脚手板或其他安全措施。

塔吊拆装工安全操作规程 FYGZAQ030

一、拆立塔吊前要对班组人员进行安全技术交底教育，安拆工必须持证上岗。

二、拆立塔吊人员高处作业必须佩戴安全带和安全帽。

三、安装过程中发现不符合技术要求的零部件不得安装。

四、对所安装、拆卸部件，应选择合适的吊点和吊挂部位。

五、塔尖安装完毕后，必须保证塔身平衡，严禁只上一侧臂就下班或离开安装作业现场。

六、顶升前必须检查液压顶升系统各部件连接情况，并调整好爬升架滚轮与塔身的间隙，然后放松电缆。

七、起重同一个重物时，不得将钢丝绳和链条等混合同时使用于绑扎或吊重物。

八、作业前必须对所使用的钢丝绳、链条、卡环、吊钩、板钩、耳钩等各种吊具和索具进行检查，凡不合格者不得使用。

九、拆立塔吊时，统一指挥，分工明确，地面设置警戒区，并有明显标志，现场派专人监护。

十、附着装置在塔身和建筑物上的框架必须固定牢靠，不得有任何松动。

十一、拆除和安装塔吊附着前，应先检查附着平台与结构和塔身拉接是否牢固后再上平台作业。

十二、在安装、拆卸过程中的任何一个部分发生故障需及时报告，必须由专业人员进行修理，严禁自行动手修理。

十三、塔吊在顶升拆卸时，禁止塔身标准节未安装接牢以前离开现场，不得在牵引平台上停放标准节或把标准节挂在起重钩上就离开现场。

十四、顶升完毕，应检查各连接螺栓是否按规定的预紧力矩紧固，左右操纵杆在中间位置，并切断液压顶升机构电源。

十五、顶升到规定自由行走高度时，必须将塔身附着在建筑物上后再继续顶升。

十六、顶升作业时，必须使塔机处于顶升平衡状态，并将回转部分制动住，严禁旋转臂杆及其他作业。

十七、所有拆装和指挥人员严禁酒后作业。

十八、塔机在顶升拆卸时，不得在牵引平台上停放标准节或把标准节挂在起重钩上就离开现场。

十九、风力在四级以上时不得进行顶升、安装、拆除作业，作业时突然遇到风力加大，必须立即停止作业，并将塔身固定。

二十、无论顶升或下降，必须保证顶升横梁上的挂靴与顶升块用安全楔锁紧，以免挂靴脱落造成危险。

二十一、塔吊安装后，在无负荷的情况下，塔身与地面的垂直偏差不得超过其高度的 2‰。

二十二、附着时应用经纬仪检查塔身垂直，并用撑杆调整垂直度，其垂直偏差不得超过 2‰。

二十三、严禁由塔吊上向下抛掷任何物品或便溺。

附件二　各机械设备安全操作规程

塔式起重机安全操作规程　FEJXSBAQ001

一、作业人员必须经省级建设行政主管部门考核合格，取得建筑施工特种作业人员操作证书，方可上岗。

二、塔式起重机（以下简称"塔机"）的轨道基础或混凝土基础必须经过设计验算，验收合格后方可使用，基础周围应修筑边坡和排水设施，并与基坑保持一定安全距离。

三、塔机的拆装必须取得建设行政主管部门颁发的拆装资质证书的专业队伍进行，拆除时应有技术和安全人员在场监护。

四、塔机安装后，投入使用前，必须经市级以上特种设备检测机构进行检测，检测合格，出具检测合格报告后方可投入使用。

五、塔机空载运转，检查行走、回转、起重、变幅等各机构的制动器、安全限位、防护装置等确认正常后，方可作业。

六、塔机操纵各控制器时应依次逐级操作，严禁越档操作；在变换运动方向时，应将控制器转到零位，待电动机停止转动后，再转向另一个方向；操作时力求平稳，严禁急开急停。

七、吊钩提升接近臂杆顶部，小车行至端点或起重机行走接近轨道顶部时，应减速缓行至停止位置；吊钩距臂杆顶部不得小于1m，起重机距轨道端部不得小于2m。

八、动臂式起重机的起重、回转、行走三种动作可以同时进行，但变幅只能单独进行；每次变幅后应对变幅部位进行检查；允许带载变幅的在满载荷或接近满载荷时，不得变幅。

九、指挥司索人员作业时应与司机密切配合；司机作业时严格执行指挥人员的信号，如信号不清或错误时，司机应拒绝执行。

十、起吊重物时应绑扎平稳牢固，不得在重物上堆放或悬挂零星物件；零星材料和物件必须用吊笼或钢丝绳绑扎牢固后，方可起吊；标有绑扎位置和记号的物件，应按标明位置绑扎；绑扎钢丝绳与物件的夹角不得小于 30°。

十一、提升重物后，严禁自由下降；中途就位时，可用微动机构或使用制动器使之缓慢下降。

十二、提升的重物平移时，应高出其跨越的障碍物 0.5m 以上。

十三、两台起重机同在一条轨道上进行作业时，应保持两机之间任何接近部位（包括吊起的重物）距离不得小于 5m。

十四、主卷扬机不安装在平衡臂上的上旋式起重机作业时，不得顺一个方向连续回转。

十五、严禁使用塔机进行斜拉、斜吊、起吊埋设或凝结在地面上的重物；现场浇筑的混凝土构件或模板，必须全部松动后方可起吊。

十六、作业中，司机临时离开操作室时，必须切断电源，锁紧夹轨器。

十七、作业后，起重机应停放在轨道中间位置，笔杆应转到顺风方向，并放松回转制动器；小车及平衡配重应移到非工作状态位置。吊钩提升到离臂杆顶端 2 ~ 3m。

十八、将每个控制开关拨至零位，依次断开各路开关，关闭操作室门窗，下机后切断电源总开关；打开高空指示灯。

十九、锁紧夹轨器，使起重机与轨道固定，如遇八级大风时，应另拉缆风绳与地锚或建筑物固定。

二十、任何人员上塔帽、吊臂、平衡臂的高空部位检查或修理时，必须佩戴安全带。

施工升降机安全操作规程 FEJXSBAQ002

一、作业人员必须身体健康，能胜任高空作业。

二、司机要受过专门培训，必须经省级建设行政主管部门考核合格，取得建筑施工特种作业人员操作证书，方可上岗操作升降机。

三、施工升降机安装后，投入使用前，必须经市级以上特种设备

265

检测机构进行检测，检测合格，出具检测合格报告后方可投入使用。

四、接班第一次开车，应满载将吊笼开至离地面 1m 处，停车检查吊笼是否有自动下滑现象，如发生下滑现象，必须调整电磁制动器的间隙。

五、司机开车时要集中思想，严禁与他人闲谈。

六、吊笼内乘人、载物时，荷载要均匀分布，防止偏重；严禁超载运行。乘人不载物时，额定载重每次不得超过 12 人（含司机）；吊笼顶上不得载人或货物（安装拆卸除外）。

七、随时注意信号，观察运转状况，发现异常必须立即停车，待故障排除后方能开车。

八、严禁装载超过吊笼宽度和高度的物品和材料。

九、视野很差、大雾、雷雨天气和危险条件时，严禁开车。

十、合闸总启动后司机不准离开吊笼，只有在取走电锁钥匙后，方能离开吊笼。

十一、制动、限速部件发现异常或失灵时严禁开车。

十二、大风条件下应注意安全，当风力达到 6 级以上时，不准开车，并将吊笼降到最低层。

十三、卸料平台安全门未关好，不得开动吊笼。

十四、下班后必须打扫吊笼，做好当班记录，拉开开关，锁好控制箱和低笼门，填写运行记录，做好交接班。

十五、严禁非司机开车。

十六、严格执行施工升降机每月的定期检查维修保养制度。

物料提升机安全操作规程 FEJXSBAQ003

一、作业人员必须经省级建设行政主管部门考核合格，取得建筑施工特种作业人员操作证书，方可上岗操作物料提升机。

二、物料提升机卷扬机部分应符合《龙门架及井架物料提升机安全技术规范》JGJ 88—2010 和《建筑施工安全检查标准》JGJ 59—2011，并遵守卷扬机安全操作规程。

三、物料提升机的安装应符合说明书或设计计算书要求，并牢固可靠。

四、物料提升机安装后，投入使用前，必须经市级以上特种设备检测机构进行检测，检测合格，出具检测合格报告后方可投入使用。

五、使用前应对吊篮的安全门、钢丝绳、安全停靠、限位保险装置，联络信号进行检查，并齐全完好，灵敏可靠。

六、缆风绳必须使用直径不小于 $\phi 9.3$ 钢丝绳，禁止使用钢筋；缆风绳地锚必须牢固。

七、与建筑结构连接的连墙杆应符合说明书或规范要求，连墙杆不得与脚手架连接。

八、卷扬机钢丝绳必须有符合要求的过路保护。

九、禁止任何人乘吊篮上下；物料在吊篮内应均匀分布，不得超出吊篮。

十、各施工层要设牢固可靠的接料平台及带联锁装置的安全门。

十一、操作人员离开岗位或下班时吊篮必须放在地面，不允许停在空中。

十二、物料提升机发生故障或维修保养必须停机，切断电源后方可进行。

十三、物料提升机必须经验收合格方可使用，验收内容应量化，参与验收人员签名。

十四、作业司机应在班前作日常检查和作空载试运行。

十五、物料提升机电器控制部分应有接零保护、欠压保护功能。

十六、物料提升机必须安装断绳、停靠、超高限位装置，吊篮禁止使用单根钢丝绳。

十七、物料提升机基础应有良好的排水措施，并据周边情况，采取避雷措施。

十八、严格执行物料提升机每月的定期检查维修保养制度。

起重吊车安全操作规程 FEJXSBAQ004

一、起重吊车作业人员必须经省级建设行政主管部门考核合格，取得建筑施工特种作业人员操作证书，方可上岗；严禁无证人员操作起重设备。

二、进行起重作业前，起重机司机必须检查各部装置是否正常；钢缆是否符合安全规定，制动器、液压装置和安全装置是否齐全、可靠、灵敏；严禁起重机各工作部件带病运行，吊车在变电站内部分停电工作，吊车外壳必须有可靠接地；吊车停放或行驶时，车轮、支腿前端或外侧与沟、坑边缘的距离不得小于沟、坑深度的 1.2 倍；否则必须采取防倾、防坍塌措施。

三、在起吊较重物件时，应先将重物吊离地面 10cm 左右，检查起重机的稳定性和制动器等是否灵活和有效，在确认正常的情况下方可继续工作。

四、起重机司机必须与指挥人员密切配合，服从指挥人员的信号指挥；操作前必须先鸣喇叭，如发现指挥信号不清或错误时，司机有权拒绝执行；工作中，司机对任何人发出的紧急停车信号，必须立即服从，

五、严禁吊物上站人、严禁吊物超过人顶、严禁一切人员在吊物下站立和通过。

六、起重机在进行满负荷起吊时，禁止同时用两种或两种以上的操作动作；起重吊臂的左右旋转角度都不能超过 45°，严禁斜吊、拉吊和快速升降；严禁吊拔埋入地面的物件，严禁强行吊拉吸贴于地面的面积较大的物体。

七、起重机在带电线路附近工作时，应与其保持安全距离，在最大回转范围内，不允许与输电线路的最小距离相冲突，雨雾天气时安全距离应加大至 1.5 倍以上；起重机在输电线路下通过时，必须将吊臂放下。

八、用两台起重机同时起吊一重物，必须服从专人的统一指挥，两机的升降速度要保持相等，其对象的重量不得超过两机所允许的总起重量的 75%；绑扎吊索时，要注意负荷的分配，每车分担负荷不能超过所允许最大起重量的 80%。

九、起重机在工作时，吊钩与滑轮之间应保持一定的距离，防止卷扬过限把钢缆拉断或吊臂后翻；在吊臂全伸变幅至最大仰角并吊钩降至最低位置时，卷扬滚筒上的钢缆应至少保留 3 匝以上。

十、工作时吊臂仰角不得小于 30°，起重机在吊有载荷的情况下应尽量避免吊臂的变幅，绝对禁止在吊荷停稳妥前变换操作杆。

十一、当作业地点的风力达到五级时，不得进行受风面积大的起吊作业；当风力达到六级及以上时，不得进行起吊作业；停工或休息时，不准将吊物悬在空中。

十二、工作完毕，吊钩和吊臂应放在规定的稳妥位置，并将所有控制手柄放至中位。

十三、指挥信号要事先向起重机司机交待清楚，如遇操作过程中看不清指挥信号时，应设中转助手，准确传递信号。

十四、指挥手势要清晰，信号要明确，不准戴手套指挥；起吊对象，应先检查捆缚是否牢固，绳索经过有棱角、快口处应设衬垫，吊位重心要准确，不许对象在受力后产生扭、曲、沉、斜等现象。

十五、在所吊对象就位固定前，起重机司机不得离开工作岗位，不准在索具受力或起吊物悬空的情况下中断工作。

十六、当起重机司机因对象超重拒绝起吊时，指挥人员应采取措施，设法减轻起重机超重负荷，严禁强行指挥起重机超负荷作业。

十七、起重机驾驶员应严格遵守"十不吊"：

（一）超载或被吊物重量不清不吊。

（二）指挥信号不明确不吊。

（三）捆绑、吊挂不牢或不平衡，可能引起滑动不吊。

（四）被吊物上有人或浮置物时不吊，吊钩上方载人不吊。

（五）结构或零部件有影响安全工作的缺陷或损伤时不吊。

（六）遇有拉力不清的埋置物件时不吊。

（七）工作场地昏暗，无法看清场地、被吊物和指挥信号时不吊。

（八）被吊物棱角处与捆绑钢丝间未加衬垫时不吊。

（九）歪拉斜吊重物时不吊。

（十）吊车保险装置不齐全、不可靠不吊等。

圆盘锯安全操作规程 FEJXSBAQ005

一、圆盘锯应有保护接零和漏电保护器。

二、外漏传动部分防护罩应齐全完整，安装牢靠。

三、锯片上方必须安装保险挡板（罩），在锯片后面，离齿 10～15mm 处，必须安装弧形楔刀，锯片安装在轴上应保持对正轴心。

四、锯片必须平整，锯齿尖锐，不得连续缺齿两个，裂纹长度不得超过 20mm，裂缝末端须冲止裂孔。

五、被锯木料厚度，以锯片能露出木料 10～20mm 为限，锯齿必须在同一圆周上，夹持锯片的法兰盘的直径应为锯片直径的 1/4。

六、启动后，须待转速正常后方可进行锯料；锯料时不得将木料左右晃动或高抬，遇木节要缓慢匀速送料；锯料长度应不小于 500mm。接近端头时，应用推棍送料。

七、如锯线走偏，应逐渐纠正，不得猛扳，以免损坏锯片。

八、操作人员不得站在和面对与锯片旋转的离心力方向操作，手臂不得跨越锯片工作。

九、锯片温度过高时，应用水冷却，直径 600mm 以上的锯片在操作中应喷水冷却。

十、工作完毕，切断电源锁好电箱门。

木工平刨机安全操作规程 FEJXSBAQ006

一、平刨机应有保护零线和漏电保护器。

二、外露传动部分防护装置齐全完整，安装应牢靠，否则禁止使用。

三、金属结构不应有开裂、裂纹，机构应完整，零部件应齐全，连接应可靠。

四、刨料应保持身体稳定，双手操作；刨大面时，手要按在料上面；刨小料时，手指不低于料高的一半，并不得少于 5cm；禁止手在料后推送；严禁戴手套操作。

五、刨削量每次一般不得超过 1.5mm；进料速度保持均匀，经过刨口时用力要轻，禁止在刨刀上方回料。

六、刨厚度小于 3.0mm，长度小于 40cm 的木料必须用压板或推棍，禁止用手推进；厚度在 1.5mm，长度在 25cm 以下的木料，不得在平刨上加工。

七、遇节疤，要减慢推料速度，禁止手按节疤上推料；旧板料必须将铁钉、泥砂等除干净；被刨木料如有破裂等缺陷时，必须处理后再刨。

八、换刀片必须拉闸断电上锁；禁止运转时将手伸进安全挡板里侧去移动挡板或拆除安全挡板进行刨制。

九、同一台刨机的刀片重量、厚度必须一致，刀架夹板必须吻合；刀片焊缝超出刀头和有裂缝的刀具不准使用；紧固刀片的螺钉，应嵌入槽内并离开刀臂不少于 10mm。

十、做到定人定机操作，工作完毕，切断电源，锁好箱门。

钢筋切断机安全操作规程 FEJXSBAQ007

一、接送料的工作台面应和切刀下部保持水平，工作台的长度可根据加工材料长度确定；加工较长的钢筋时，应由专人帮助，并听从操作人员指挥，不得任意推拉。

二、启动前，必须检查切刀应无裂纹，刀架螺栓紧固，防护罩牢靠，然后用手转动皮带轮，检查齿轮吻合间隙，调整切刀间隙。

三、启动后，先空机运转，检查传动部分及轴承运转正常后方可使用。

四、机械未达到正常转速时，不得切料，切料时必须使用切刀中下部位，紧握钢筋再加速送入。

五、不得剪切直径强度超过机械铭牌规定的钢筋和烧红的钢筋；一次切断多根钢筋时，总截面积应在规定范围内。

六、剪切低合金钢时应换高硬度切刀，直径应符合铭牌规定。

七、切断补料时，手和切刀之间的距离应保持 150mm 以上，如手握端小于 400mm 时，应用套管和夹具将钢筋端头压住或夹牢。

八、运转中，严禁用手直接清除切刀附近的断头和架物，钢筋摆动范围和切刀附近非操作人员不得停留。

九、发现机械运转不正常的异响或切刀歪斜等情况，应立即停机、停电检修。

十、作业完毕，用钢刷清除切刀间的杂物，清理整理施工现场，进行整机清洁保养。断电锁箱。

钢筋对焊机安全操作规程 FEJXSBAQ008

一、作业人员必须经有关部门考核合格，取得操作证书，方可上岗。

二、焊接操作及配合人员必须按规定穿戴劳动防护用品；并必须采取防止触电、火灾等事故的安全措施。

三、对焊机应安置在室内，并应有可靠的接地或接零；电焊导线长度不宜大于 30m，当需要加长导线时，应相应增加导线的截面；当多台对焊机并列安装时，相互间距不得小于 3m，应分别接在不同相位的电网上，并应分别有各自的刀型开关。

四、焊接现场 10m 范围内，不得堆放油类、木材、氧气瓶、乙炔发生器等易燃、易爆物品。

五、作业前，应检查并确认对焊机的压力机构灵活，夹具牢固，气压、液压系统无泄漏，一切正常后，方可施焊。

六、焊接前，应根据所焊钢筋截面，调整二次电压，不得焊接超过对焊机规定直径的钢筋。

七、断路器的接触点、电极应定期光磨，二次电路全部连接螺栓应定期紧固；冷却水温度不超过 40℃，排水量应根据气温调节。

八、焊接较长钢筋时，应设置托架，配合搬运钢筋的操作人员，在焊接时要注意防止火花烫伤。

九、闪光区应设阻燃的挡板，焊接时其他人员不得入内。

十、冬季施焊时，室内温度不应低于 8℃；作业后，应放尽机内冷却水。

钢筋弯曲机安全操作规程 FEJXSBAQ009

一、工作台和弯曲机台面要保持水平，作业前准备好各种芯轴及工具。

二、机械安装必须注意机身应安全接地，电源不允许直接接在按钮上，应另装铁壳开关控制电源。

三、使用前检查机件是否齐全，所选的动齿轮是否和所弯钢筋直径机转速符合；牙轮啮合间隙是否适当，固定铁锞是否紧密牢固，以及检查转盘转向是否和倒顺开关方向一致，并按规定加注润滑油脂；检查电气设备绝缘接地线有无破损、松动，并经过试运转，认为合格方可操作。

四、操作时应将钢筋需弯的一头安稳在转盘固定锞头的间隙内，另一端紧靠机身固定锞头，用一手压紧，必须注意机身锞头确实安在挡住钢筋的一侧，方可开动机器。

五、更换转盘上的固定锞头，应在运转停止后再更换。

六、严禁弯曲超过机械铭牌规定直径的钢筋和吊装起重索具用的吊钩；如弯曲未经冷拉或带有锈皮的钢筋，必须带好防护镜；弯曲低合金钢等非普通钢筋时，应按机械铭牌规定换算最大限制直径。

七、变速齿轮的安装应按下列规定：

（一）直径在 18mm 以下的普通钢筋可以安装快速齿轮。

（二）直径在 18 ~ 24mm 时可用中速齿轮。

（三）直径在 25mm 以上必须使用慢速齿轮。

八、转盘倒向时，必须在前一种转向停止后，方许倒转；拨动开关时必须在中间停止档上等候停车，不得立即拨反方向档；运转中发现卡盘颤动，电机发热超过铭牌规定，均应立即断电停车检修。

九、弯曲钢筋的旋转半径内，和机身不设固定锞头的一侧不准站人；弯曲的半成品应码放整齐，弯钩一般不得上翘。

十、弯曲较长钢筋，应有专人帮扶钢筋，帮扶人员应按操作人员指挥手势进退，不得任意推送。

十一、工作完毕应将工作场所及机身清扫干净，缝坑中的积屑应用手动鼓风器（皮老虎）吹掉，禁止用手指抠挖。

套丝切管机安全操作规程 FEJXSBAQ010

一、套丝切管机械上的电源电动机、手持电动工具及液压装置的使用应执行《建筑机械使用安全技术规程》JGJ 33—2012 规定。

二、套丝切管机械上的刃具、胎、模具等强度和精度应符合要求，刃磨锋利，安装稳固，紧固可靠。

三、套丝切管机械上的传动部分应设有防护罩，作业时，严禁拆卸。机械均应安装在机棚内。

四、套丝切管机应安放在稳固的基础上。

五、应先空载运转，进行检查、调整，确认运转正常方可作业。

六、应按加工管径选用板牙头和板牙，板牙应按顺序放入，作业时应采用润滑油润滑板牙。

七、当工件伸出卡盘端面的长度过长时，后部应加装辅助托架，并调整好高度。

八、切断作业时，不得在旋转手柄上加长力臂；切平管端时，不得进刀过快。

九、当加工件的管径或椭圆度较大时，应两次进刀。

十、作业中应采用刷子清除切屑，不得敲打振落；刃具、板牙头和板牙中的积屑应用手动鼓风器（皮老虎）吹掉，禁止用手指抠挖。

十一、作业时，非操作和辅助人员不得在机械四周停留观看。

十二、作业后，应切断电源，锁好电闸箱，并做好日常保养工作。

十三、作业人员必须持证上岗。

混凝土泵车安全操作规程 FEJXSBAQ011

一、构成混凝土泵车的汽车底盘、内燃机、空气压缩机、水泵、液压装置等的使用，应执行汽车的一般规定及混凝土泵的有关规定。

二、泵车就位地点应平坦坚实，周围无障碍物，上空无高压输电线。

泵车不得停放在斜坡上。

三、泵车就位后，应支起支腿并保持机身的水平和稳定；当用布料杆送料时，机身倾斜度不得大于 3°。

四、就位后，泵车应打开停车灯，避免碰撞。

五、作业前检查项目应符合下列要求：

（一）燃油、润滑油、液压油、水箱添加充足，轮胎气压符合规定，照明和信号指示灯齐全良好。

（二）液压系统工作正常，管道无泄漏；清洗水泵及设备齐全、良好。

（三）搅拌斗内无杂物，料斗上保护格网完好并盖严。

（四）输送管路连接牢固，密封良好。

六、布料管所用配管和软管应按出厂说明书的规定选用，不得使用超过规定直径的配管，装接的软管应拴上防脱安全带。

七、伸展布料杆应按出厂说明书的顺序进行，布料杆升离支架后方可回转。严禁用布料杆起吊或拖拉物件。

八、当布料杆处于全伸状态时，不得移动车身；作业中需要移动车身时，应将上段布料杆折叠固定，移动速度不得超过 10km/h。

九、不得在地面上拖拉布料杆前端软管；严禁延长布料配管和布料杆。当风力在六级及以上时，不得使用布料杆输送混凝土。

十、泵送管道的敷设，应按本规程混凝土泵中的第二条的规定执行。

十一、泵送前，当液压油温度低于 15℃时，应采用延长空运转时间的方法提高油温。

十二、泵送时应检查泵和搅拌装置的运转情况，监视各仪表和指示灯，发现异常，应及时停机处理。

十三、料斗中混凝土面应保持在搅拌轴中心线以上。

十四、泵送混凝土应连续作业，当因供料中断被迫暂停时，应按本规程混凝土泵中的第十条的要求执行。

十五、作业中，不得取下料斗上的格网，并应及时清除不合格的骨料或杂物。

十六、泵送中当发现压力表上升到最高值，运转声音发生变化时，应立即停止泵送，并应采用反向运转方法排除管道堵塞；无效时，应拆管清洗。

十七、作业后，应将管道和料斗内的混凝土全部输出，然后对料斗、管道等进行冲洗；当采用压缩空气冲洗管道时，管道出口端前方 10m 内严禁站人。

十八、作业后，不得用压缩空气冲洗布料杆配管，布料杆的折叠收缩应按规定顺序进行。

十九、作业后，各部位操纵开关、调整手柄、手轮、控制杆、旋塞等均应复位；液压系统应卸荷，并应收回支腿；将车停放在安全地带，关闭门窗；冬季应放尽存水。

混凝土泵机安全操作规程 FEJXSBAQ012

一、混凝土泵应安放在平整、坚实的地面上，周围不得有障碍物，在放下支腿并调整后应使机身保持水平和稳定，轮胎应楔紧；有基坑的应与基坑边缘保持一定距离。

二、泵送管道的敷设应符合下列要求：

（一）水平泵送管道宜直线敷设。

（二）垂直泵送管道不得直接装接在泵的输出口上，应在垂直管前端加装长度不小于 20m 的水平管，并在水平管近泵处加装逆止阀。

（三）敷设向下倾斜的管道时，应在输出口上加装一段水平管，其长度不应小于倾斜管高低差的 5 倍，否则应采用弯管等办法，增大阻力；当倾斜度较大时，应在坡度上端装设排气活阀。

（四）泵送管道应有支撑固定，在管道和固定物之间应设置木垫作缓冲，不得直接与钢筋或模板相连，管道与管道间应连接牢靠；管道接头和卡箍应扣牢密封，不得漏浆；不得将已磨损管道装在后端高压区。

（五）泵送管道敷设后，应进行耐压试验。

三、砂石粒径、水泥强度等级及配合比应按出厂规定，满足泵机可泵性的要求。

四、作业前应检查并确认泵机各部螺栓紧固，防护装置齐全、可靠，各部位操纵开关、调整手柄、手轮、控制杆、旋塞等均在正确位置，液压系统正常无泄漏，液压油符合规定，搅拌斗内无杂物，上方的保护格网完好无损并盖严；冷却水供应正常，水箱应储满清水，各润滑点应润滑正常。

五、输送管道的管壁厚度应与泵送压力匹配，近泵处应选用优质管子；管道接头、密封圈及弯头等应完好无损；高温烈日下应采用湿麻袋或湿草袋遮盖管路，并应及时浇水降温，寒冷季节应采取保温措施。

六、应配备清洗管、清洗用品、接球器及有关装置。无关人员必须离开管道周围。

七、启动后，应空载运转，观察各仪表的指示值，检查泵和搅拌装置的运转情况，确认一切正常后方可作业；泵送前应向料斗加入10L清水和0.3kg的水泥砂浆润滑泵及管道。

八、泵送作业中，料斗中的混凝土平面应保持在搅拌轴轴线以上；料斗格网上不得堆满混凝土，应控制供料流量，及时清除超粒径的骨料及异物，不得随意移动格网。

九、当进入料斗的混凝土有离析现象时应停泵，待搅拌均匀后再泵送；当骨料分离严重、料斗内灰浆明显不足时，应剔除部分骨料，另加砂浆重新搅拌。

十、泵送混凝土应连续作业；当因供料中断被迫暂停时，停机时间不得超过30min；暂停时间内应每隔5～10min（冬季3～5min）作2～3个冲程反泵—正泵运动，再次投料泵送前应先将料搅拌；当停泵时间超限时，应排空管道。

十一、垂直向上泵送中断后再次泵送时，应先进行反向推送，使分配阀内混凝土吸回料斗，经搅拌后再正向泵送。

十二、泵机运转时，严禁将手或铁锹伸入料斗或用手抓握分配阀；当需在料斗或分配阀上工作时，应先关闭电动机和消除蓄能器压力。

十三、不得随意调整液压系统压力；当油温超过70℃时，应停止泵送，但仍应使搅拌叶片和风机运转，待降温后再继续运行。

十四、水箱内应贮满清水，当水质混浊并有较多砂粒时，应及时检查处理。

十五、泵送时，不得开启任何输送管道和液压管道；不得调整、修理正在运转的部件。

十六、作业中，应对泵送设备和管路进行观察，发现隐患应及时处理；对磨损超过规定的管子、卡箍、密封圈等应及时更换。

十七、应防止管道堵塞。泵送混凝土应搅拌均匀，控制好坍落度；在泵送过程中，不得中途停泵。

十八、应随时监视各种仪表和指示灯，发现不正常应及时调整或处理；当出现输送管堵塞时，应进行反泵运转，使混凝土返回料斗；当反泵几次仍不能消除堵塞，应在泵机卸载情况下，拆管排除堵塞。

十九、作业后，应将料斗内和管道内的混凝土全部输出，然后对泵机、料斗、管道等进行冲洗；当用压缩空气冲洗管道时，进气阀不应立即开大，只有当混凝土顺利排出时，方可将进气阀开至最大；在管道出口端前方 10m 内严禁站人，并应用金属网篮等收集冲出的清洗球和砂石粒；对凝固的混凝土，应采用刮刀清除。

二十、作业后，应将两侧活塞转到清洗室位置，并涂上润滑油；各部位操纵开关、调整手柄、手轮、控制杆、旋塞等均应复位；液压系统应卸载。

混凝土罐车安全操作规程 FEJXSBAQ013

一、搅拌车在露天停放时，装料前应将搅拌筒反转，将积水和杂物排出，以保证混凝土的质量。

二、在运输混凝土时，要保证滑斗放置牢固，防止因松动造成摆动，在行进中打伤行人或影响其他车辆正常运行。

三、混凝土罐车运送混凝土的时间不能超过搅拌站规定的时间；运送混凝土途中，搅拌筒不得长时间停转，以防混凝土产生离析现象；司机应时常观察混凝土情况，发现异常及时通报调度室，申请做出处理。

四、车内装有混凝土时，在现场停滞时间不得超过 1h，如超时应立刻要求现场负责人给予及时处理。

五、满载罐车进入施工现场要听从现场专人指挥，谨慎驾驶；遇到正在施工或不明路段禁止冒险驾驶，必要时下车问明路况后前行。

六、搅拌车运送混凝土坍落度不得低于 8cm；从混凝土入罐到排出，气温高时不得超过 2h 必须排出，阴雨天气温度低时，不得超过 2.5h。

七、在排出混凝土之前，应使搅拌筒在 10 ~ 12 转 /min 的转速下转动 1min，再进行排料。

八、混凝土搅拌运输车出料结束，应立即用随车的软管放水将进料口、出料斗及出料溜槽等部位冲洗干净；排去粘结在车身各处的污物及残留混凝土，再向搅拌筒内注入 150 ~ 200L 的清水；在返回途中要让搅拌筒慢速转动，以清洗内壁，避免残余料渣附在筒壁和搅拌叶上，并在再一次装料前将这些水放掉。

九、工作结束，应把搅拌筒内部和车身清洗干净，不能使剩余的混凝土留在筒内。

十、在水泵工作时，禁止空转，连续使用时不要超过 15min。

十一、水箱的水量要常常保持装满，以备急用；冬季停机后，应将水箱、水泵、水管、搅拌筒内的水放净，并停放在朝阳、不积水的地方，以免冻坏机械；冬季应及时装置保温套，并使用防冻液对搅拌车加以保护，根据天气变化更换燃油标。

混凝土搅拌机安全操作规程 FEJXSBAQ014

一、搅拌机安装就位、基础必须坚实，支架或支脚筒架稳固，不准以轮胎代替支撑。

二、开搅拌机前应检查离合器、控制器、钢丝绳等性能良好，滚筒内不得有异物。

三、进料斗升起时，严禁任何人在料斗下通过或停留，工作完毕应将料斗固定好。

四、机械运转时，严禁将工具伸进滚筒内。

五、严禁无证操作，严禁操作时擅自离开工作岗位。

六、机械检修时，应固定好料斗，切断电源，进入滚筒检修时外面应有人监护。

七、工作完毕后应清洗机械、清理机械周围，做好润滑保养，切断电源，锁好箱门。

八、操作人员持证上岗。

混凝土搅拌站安全操作规程 FEJXSBAQ015

一、混凝土搅拌站的安装，应由专业人员按出厂说明规定进行，并应在技术的主持下组织调试；在各项技术性能指标全部符合规定并经验收合格后，方可使用。

二、作业前检查项目应符合下列要求：

（一）搅拌筒内和各配套的传动、运动部位及仓门、斗门、轨道等均无异物卡住；

（二）各润滑油箱的油面高度符合规定；

（三）打开阀门排放气路系统中汽水分离器过多积水，打开贮气筒排污螺塞放出油水混合物；

（四）提升斗或拉铲的钢丝绳安装、卷筒缠绕均正确，钢绳牢靠。

三、操作人员持证上岗。

混凝土插入式振动器安全操作规程 FEJXSBAQ016

一、插入式振动器的电动机电源上，应安装漏电保护装置，接地或接零应安全可靠。

二、操作人员应经过用电教育，作业时应穿绝缘胶鞋和戴绝缘手套。

三、电缆线应满足操作所需的长度；电缆线上不得堆压物品或让车辆挤压，严禁用电缆线拖拉或吊挂振动器。

四、使用前，应检查各部位并确认连接牢固，旋转方向正确。

五、振动器不得在初凝的混凝土、地板、脚手架和干硬的地面上进行试振；在检修或作业间断时，应断开电源。

六、作业时，振动棒软管的弯曲半径不得小于500mm，并不得多于两个弯，操作时应将振动棒垂直地沉入混凝土，不得用力硬插、斜推或让钢筋夹住棒头，也不得全部插入混凝土中，插入深度不应超过棒长的 3/4，不宜触及钢筋、芯管及预埋件。

七、振动棒软管不得出现断裂，当软管使用过久使长度增长时，应及时修复或更换。

八、振捣器应保持清洁，不得有混凝土粘结在电动机外壳上妨碍散热。

九、作业停止需移动振动器时，应先关闭电动机，再切断电源。不得用软管或电缆拖拉电动机。

十、作业完毕，应将电动机、软管、振动棒清理干净，并应按规定要求进行保养作业；振动器存放时，不得堆压软管，应平直放好，并应对电动机采取防潮措施。

混凝土附着、平板式振动器安全操作规程 FEJXSBAQ017

一、附着式、平板式振动器的电动机电源上，应安装漏电保护装置，接地或接零应可靠。

二、附着式、平板式振动器轴承不应承受轴向力，在使用时，电动机轴应保持水平状态。

三、在一个模板上同时使用多台附着式振动器时，各振动器的频率应保持一致，相对面的振动器应错开安装。

四、作业前，应对附着式振动器进行检查和试振；试振不得在干硬土或硬质物体上进行；安装在搅拌站料仓上的振动器，应安置橡胶垫。

五、安装时，附着式振动器底板安装螺孔的位置应正确，应防止地脚螺栓安装扭斜而使机壳受损；地脚螺栓应紧固，各螺栓的紧固程度应一致。

六、附着式振动器使用时，引出电缆线不得拉得过紧，更不得断裂；作业时，应随时观察电气设备的漏电保护器和接地或接零装置并确认合格。

七、附着式振动器安装在混凝土模板上时，每次振动时间不应超过 1min；当混凝土在模内泛浆流动或成水平状即可停振，不得在混凝土初凝状态时再振。

八、装置附着式振动器的构件模板应坚固牢靠，其面积应与振动器额定振动面积相适应。

九、平板式振动器的电动机与平板应保持紧固，电源线必须固定在平板上，电器开关应装在手把上。

十、平板式振动器作业时，应使平板与混凝土保持接触，使振波有效地振实混凝土，待表面出浆、不再下沉后，即可缓慢向前移动，移动速度应能保证混凝土振实出浆；在振的振动器，不得搁置在已凝或初凝的混凝土上。

十一、用绳拉平板振动器时，拉绳应干燥绝缘。移动或转向时，不得用脚踢电动机；作业转移时电动机的导线应保持有足够的长度和松度；严禁用电源线拖拉振捣器。

十二、作业后，必须做好清洗、保养工作；振动器要放在干燥处。

砂浆搅拌机安全操作规程 FEJXSBAQ018

一、作业前检查搅拌机的转动情况是否良好，安全装置、防护装置等均应牢固可靠，操作灵活。

二、启动后先经空机运转，检查搅拌叶旋转方向是否正确，先加水后加料进行搅拌操作。

三、机械运转中不得用手或木棒等伸进搅拌机筒内或在筒口清理灰浆。

四、操作中如发生故障不能运转时，应先切断电源，将筒内灰浆倒出，进行检修，排除故障。

五、作业完毕，做好搅拌机内外的清洗和搅拌机周围清理工作，切断电源，锁好箱门。

蛙式打夯机安全操作规程 FEJXSBAQ019

一、蛙式打夯机适用于夯实灰土和素土的地基、地坪及场地平整，不得夯实坚硬或软硬不一的地面，更不得夯打坚石或混有砖石碎块的杂土。

二、两台以上蛙夯在同一工作面作业时，左右间距不得小于 5m，前后间距不得小于 10m。

三、操作和传递导线人员都戴绝缘手套和穿绝缘胶鞋。

四、检查电路应符合要求，接地（接零）良好。各传动部件均正常后方可作业。

五、作业时，电缆线不可张拉过紧，应保证有 3 ~ 4m 的余量，递线人员应依照夯实路线随时调整，电缆线不得扭结和缠绕。

六、操作时，不得用力推拉或按压手柄，转弯时不得用力过猛，严禁急转弯。

七、在室内作业时，应防止夯板或偏心块打在墙壁上。

八、夯实填高土方时，应从边缘以内 10 ~ 15m 开始夯实 2 ~ 3 遍后，再夯实边缘。

九、作业后，切断电源，卷好电缆，如有破损应及时修理或更换。

振动式冲击夯机安全操作规程 FEJXSBAQ020

一、振动冲击夯应适用于黏性土、砂及砾石等散状物料的压实，不得在水泥路面和其他坚硬地面作业。

二、作业前重点检查项目应符合下列要求：

（一）各部件连接良好，无松动。

（二）内燃冲击夯有足够的润滑油，油门控制器转动灵活。

（三）电动冲击夯有可靠的接零或接地，电缆线表面绝缘完好。

三、内燃冲击夯启动后，内燃机应怠速运转 3 ~ 5min，然后逐渐加大油门，待夯机跳动稳定后，方可作业。

四、电动冲击夯在接通电源启动后，应检查电动机旋转方向，有错误时应倒换相线。

五、作业时应正确掌握夯机，不得倾斜，手把不宜握得过紧，能控制夯机前进速度即可。

六、正常作业时，不得使劲往下压手把，影响夯机跳起高度。在较松的填料上作业或上坡时，可将手把稍向下压，并应能增加夯机前进速度。

七、在需要增加密实度的地方，可通过手把控制夯机在原地反复夯实。

八、根据作业要求，内燃冲击夯应通过调整油门的大小，在一定范围内改变夯机振动频率。

九、内燃冲击夯不宜在高速下连续作业。在内燃机高速运转时，不得突然停车。

十、电动冲击夯应装有漏电保护装置，操作人员必须戴绝缘手套，穿绝缘鞋；作业时，电缆线不应拉得过紧，应经常检查线头安装，不得松动及引起漏电；严禁冒雨作业。

十一、作业中，当冲击夯有异常的响声，应立即停机检查。

十二、当短距离转移时，应先将冲击夯手把稍向上抬起，将运输轮装入冲击夯的挂钩内，再压下手把，使重心后倾，方可推动手把转移冲击夯。

十三、操作时，不得用力推拉或按压手柄，转弯时不得用力过猛，严禁急转弯。

十四、在转角处或狭窄地段作业，避免后退式操作，双人配合作业时精力要集中。

十五、在室内作业时，应防止夯板或偏心块打在墙壁上。

十六、作业后，应清除夯板上的泥砂和附着物，保持夯机清洁，并妥善保管。

交流电焊机安全操作规程 FEJXSBAQ021

一、应注意初、次级线，不可接错，输入电压必须符合电焊机的铭牌规定，严禁接触初级线路的带电部分，初、次级接线处必须装有防护罩。

二、次级抽头联接铜板必须压紧，接线柱应有垫圈，合闸前详细检查接线螺帽、螺栓及其他部件应无松动或损坏。接线柱处均有保护罩。

三、现场使用的电焊机应设有可防雨、防潮、防晒的机棚。并备有消防用品。

四、焊接时，焊接和配合人员必须采取防止触电、高空坠落、瓦斯中毒和火灾等事故的安全措施。

五、严禁在运行中的压力管道、装有易燃易爆物的容器和受力构件上进行焊接和切割。

六、焊接铜、锌、锡、铝等有色金属时，必须在通风良好的地方进行，焊接人员应戴防毒面具或呼吸滤清器。

七、在容器内施焊时，必须采取以下的措施：容器上必须有进、出风口，并设置通风设备；容器内的照明电压不得超过12伏；焊接时必须有人在场监护；严禁在已喷涂过油漆或胶料的容器内焊接。

八、焊接预热件时，应设挡板隔离预热焊件发出的辐射热。

九、高空焊接或切割时，必须挂好安全带，焊件周围和下方应采取防火措施并有专人监护。

十、电焊线通过道路时，必须架高或穿入防护管内埋设在地下。如通过轨道时，必须从轨道下面穿过。

十一、接地线及手把线都不得搭在易燃、易爆和带有热源的物品上，接地线不得接在管道、机械设备和建筑物金属构架或铁轨上，绝缘应良好，机壳接地电阻不大于4欧姆。

十二、雨天不得露天电焊。在潮湿地带工作时，操作人员应站在铺有绝缘物品的地方并穿好绝缘鞋。

十三、长期停用的电焊机，使用时，须用摇表检查其绝缘电阻不得低于0.5兆欧，接线部分不得有腐蚀和受潮现象。

十四、焊钳应与手把线连接牢固，不得用胳膊夹持焊钳。清除焊渣时，脸部应避开被清的焊缝。

十五、在负荷运行中，焊接人员应经常检查电焊机的升温，如超过A级60℃，B级80℃时，必须停止运转并降温。

十六、施焊现场的10m范围内，不得堆放氧气瓶、乙炔发生器、木材等易燃物。

十七、移动电焊机时应先停机断电，不得用拖拉电缆的方法移动焊机，如焊接中突然停电，应切断电源。

十八、作业结束后，清理场地、灭绝火种，消除焊件余热后，切断电源，锁好闸箱，方可离开。

水磨石机安全操作规程 FEJXSBAQ022

一、操作人员必须穿胶靴，戴好绝缘手套。

二、水磨石机宜在混凝土达到设计强度的 70% ~ 80% 时，进行磨削作业。

三、作业前，应检查并确认各连接件紧固，当用木槌轻击磨石发出无裂纹的清脆声音时，方可作业。

四、电气线路，必须使用耐气候型的绝缘四芯软线，电门开关应使用按钮开关，并安装在磨石机的手柄上；电缆线应离地架设，不得放在地面上拖动。电缆线应无破损，保护接地良好。

五、水磨石机手柄必须套绝缘管，线路采用接零保护，接点不得少于两处，并须安设漏电保护器（漏电动作电流不应大于 15mA，动作时间应小于 0.1s）。

六、在接通电源、水源后，应手压扶把使磨盘离开地面，再启动电动机；并应检查确认磨盘旋转方向与箭头所示方向一致，待运转正常后，再缓慢放下磨盘，进行作业。

七、作业中，使用的冷却水不得间断，用水量宜调至工作面不发干。

八、作业中，当发现磨盘跳动或异响，应立即停机检修；停机时，应先提升磨盘后关机。

九、更换新磨石后，应先在废水磨石地坪上或废水泥制品表面磨 1 ~ 2h，待金刚石切削刃磨出后，再投入工作面作业。

十、磨块必须夹紧，并应经常检查夹具，以免磨石飞出伤人。

十一、作业后，应切断电源，清洗各部位的泥浆，放置在干燥处，用防雨布遮盖。

十二、电器线路、开关等，必须由电工安装和检修，其他人员不准随意拆接。

手持电动工具安全操作规程 FEJXSBAQ023

一、一般场所应先用 II 类手持式电动工具并应装设额定触电动作电流不大于 15mA，额定动作时间小于 0.1s 的漏电保护器；若采用 I 类手持式电动工具，还必须作接零保护；操作人员必须戴绝缘手套、穿绝缘鞋或站在绝缘垫上。

二、在潮湿场所或金属构架上操作时，必须选用 II 类手持式电动工具，并装设防溅的漏电保护器；严禁使用 I 类手持式电动工具。

三、狭窄场所（锅炉、金属容器、地沟、管道内等）宜选用带隔离变压器的 III 类手持式电动工具；若选用 II 类手持式电动工具，必须装设防溅的漏电保护器；把隔离变压器或漏电保护器装设在狭窄场所外面，工作时并应有人监护。

四、手持式电动工具的负荷线必须采用耐气候型的橡皮护套铜芯软电缆，并不得有接头；禁止使用塑料花线。

五、受潮、变形、裂纹、破碎、磕边缺口或接触过油类、碱类的砂轮不得使用；受潮的砂轮片，不得自行烘干使用；砂轮与接盘软垫应安装稳妥、螺帽不得过紧。

六、作业前必须检查：

（一）外壳、手柄应无裂缝、破损。

（二）保护接零连接应正确、牢固可靠，电缆软线及插头等完好无损，开关动作应正常，并注意开关的操作方法。

（三）电气保护装置良好、可靠，机械防护装置齐全。

七、启动后空运转并检查工具运转应灵活无阻。

八、手持砂轮机、角向磨光机，必须装有机玻璃罩，操作时，加力要平衡，不得用力过猛。

九、严禁超负荷使用，随时注意声音、升温，发现异常应立即停机检查;作业时间过长、温度升高时，应停机待自然冷却后再进行作业。

十、作业中不得用手触摸刀具、模具、砂轮，发现有磨钝、破损情况时应立即停机，修理更换后再行作业。

十一、机具运转时不得撒手。

十二、使用电钻注意事项：

（一）钻头应顶在工件上再打钻，不得空打和顶死。

（二）钻孔时应避开混凝土中的钢筋。

（三）必须垂直地顶在工件上，不得在钻孔中晃动。

（四）使用直径在25mm以上的冲击电钻，作业场地周围应设护栏。在地面以上操作应有稳固的平台。

十三、使用角向磨光机注意砂轮的安全线速度为80m/min，作磨削时应使砂轮与工作面保持15°～30°的倾斜位置；作切割时砂轮不得倾斜。

十四、使用射钉枪时应符合下列要求：

（一）严禁用手掌推压钉管和将枪口对准人。

（二）击发时，应将射钉枪垂直压紧在工作面上，当两次扣动扳机，子弹均不击发时，应保持原射击位置数秒后，再退出射钉弹。

（三）在更换零件或断开射钉枪之前，射枪内均不得装有射钉弹。

十五、使用拉铆枪时应符合下列要求：

（一）被铆接物体上的铆钉孔应与铆钉配合，并不得过盈量太大。

（二）铆接时，当铆钉轴未拉断时，可重复扣动扳机，直到拉断为止，不得强行扭断或撬断。

（三）作业中，接铆头子或柄帽若有松动，应立即拧紧。

砂轮机安全操作规程 FEJXSBAQ024

一、砂轮机应安装在僻静安全的地方，旋转方向禁止对着通道；启动前，应先检查机械各部螺丝、砂轮夹板、砂轮防护罩、砂轮表面有无裂纹破损等，确认完整良好再启动。

二、工件的托架必须安装牢固，托架面要平整，托架的位置与砂轮架的间隙不得大于3mm，夹持砂轮的法兰盘直径不得小于砂轮直径的三分之一，夹合力适中；对有平衡块的法兰盘，应装好砂轮后，先进行平衡测试，合格后方能使用。

三、砂轮切割片要保持干燥，防止受潮而降低强度。

四、超过保质期的砂轮切割片，禁止使用。

五、砂轮轴头紧固螺丝的转向，应与主轴旋转方向相反，以保持紧固；砂轮启动须达到正常转速后，方准进行磨件。

六、操作者应带护目镜。

七、严禁两人同时使用一个砂轮打磨工件。

八、砂轮不圆、厚度不够或者砂轮露出时，易发生振动。

九、磨工件时，不准振动砂轮或打磨露出的易发生振动的工件。

十、砂轮只准磨钢、铁等黑色金属，不准磨软质有色金属或非金属。

十一、砂轮禁装倒顺开关，中途停电时，应立即切断电源。

十二、磨工件时，应使工件缓慢接近砂轮，不准用力过猛或冲击，更不准用身体顶着工件在砂轮下面或侧面磨件。

十三、磨小工件时，不应直接用手持工件打磨，应选用合适的夹具夹稳工件进行操作。

十四、安装砂轮片时，不准用铁锤进行敲击；如孔大于轴径，应加套筒不得有空隙，轴端须有两个以上的螺母紧固；根据旋转方向来用正、反旋螺纹。

十五、砂轮机转轴发生弯曲后，应立即停用，更换新部件后方可继续使用。

机动翻斗车安全操作规程 FEJXSBAQ025

一、机动翻斗车的驾驶作业人员，必须经专业安全技术培训，考试合格，持《特种作业操作证》上岗作业；未经交通部门考试发证的严禁上公路行驶。

二、行使前，应检查锁紧装置并将料斗锁牢，不得在行驶时掉斗；变速杆应在空档位置，气温低时应加热水预热。

三、发动机发动后应空转 5 ~ 10min，待水温升到40℃以上时方可一档起步，严禁二档起步和将油门猛踩到底。

四、开车时精神要集中，行驶中不准载人、不准吸烟、打闹玩笑。

五、上坡时，当路面不良或坡度较大时，应提前换入低档行驶；下坡时严禁空档滑行；转弯时应先减速；急转弯时应先换入低挡。

六、运输构件宽度不得超过车宽，高度不得超过 1.5m（从地面算起）；运输混凝土时，混凝土的平面应低于斗口 10cm；运砖时，高度不得超过斗平面，严禁超载行驶。

七、雨雪天气，夜间应低速行驶，下坡时严禁空档滑行及下 25° 以上陡坡。

八、在坑槽边缘倒料时，必须在距边缘 0.8 ~ 1m 处设置安全挡掩（20cm × 20cm 的木方）。

九、翻斗车上坡道（马道）时，坡道应平整，宽度不得小于 2.3m，两侧应设置防护栏杆，必须经检查验收合格方可使用。

十、严禁料斗内载人；料斗不得在卸料工况下行驶或进行平地作业。

十一、内燃机运转或料斗内载荷时，严禁在车底下进行任何作业。

十二、停车时应选择适合地点，不得在坡道上停车，冬季应采取防止车轮与地面冻结的措施。

十三、检修或班后刷车时，必须熄火并拉好手制动。

装载机安全操作规程 FEJXSBAQ026

一、装载机宜在 1 ~ 2 级土壤的场地作业，不宜在干燥、粉尘大以及潮湿黏土地带进行作业。

二、作业前应对装载机进行检查，轮胎气压、各液压管接头液压控制阀是否正常，各润滑部位是否缺机油等，确认正常后方可启动。

三、作业前应时刻注意周围人的情况，尤其在倒车时，更应注意身后有无行人；作业过程中，严禁任何人上下机械、传递物件，以及在铲斗内或机架上坐立。

四、在不平的场地上行驶及转弯时，严禁将铲运斗提升到最高位置。

五、禁止在装载机铲斗齿上挂钢丝绳吊运重物。

六、在坡道上不得进行保修作业，在陡坡上严禁转弯、倒车和停车，在坡上熄火时应将铲斗落地，制动牢靠后再行启动。

七、夜间工作时，现场照明应齐全完好。

八、作业完毕后将装载机停放在平坦地面上，并将铲斗落在地面上，液压操纵的应将液压缸缩回，将操纵杆放在中间位置，进行清洁、润滑后关好门窗。

九、挖掘装载机停放时间超过 1h 时，应支起支腿，使后轮离地；停放时间超过 1d 时，应使后轮离地，并应在后悬架下面用垫块支撑。

柴油锤桩机安全操作规程 FEJXSBAQ027

一、打桩机作业区内应无高压线路。作业区应有明显标志或围栏，非工作人员不得进入；桩锤在施打过程中，操作人员必须在距离桩锤中心 5m 以外监视。

二、柴油打桩锤应使用规定配合比的燃油，作业前应将燃油箱注满，并将出油阀门打开。

三、作业前，应打开放气螺塞，排出油路中的空气，并应检查和试验燃油泵，从清扫孔中观察喷油情况；发现不正常时，应予调整。

四、作业前，应使用起落架将上活塞提起稍高于上汽缸，打开贮油室油塞，按规定加满润滑油；对自动润滑的桩锤，应采用专用油泵向润滑油管路加入润滑油，并应排除管路中的空气。

五、对新启用的桩锤，应预先沿上活塞一周浇入 0.5L 润滑油，并应用油枪对下活塞加注一定量的润滑油。

六、应检查所有紧固螺栓，并应重点检查导向板的固定螺栓，不得在松动及缺件情况下作业。

七、应检查并确认起落架各工作机构安全可靠，起动钩与上活塞接触线在 5 ~ 10mm 之间。

八、提起桩锤脱出砧座后，其下滑长度不宜超过 200mm，超过时应调整桩帽绳扣。

九、应检查导向板磨损间隙，当间隙超过 7mm 时应予更换。

十、应检查缓冲胶垫，当砧座和橡胶垫的接触面小于原面积 2/3 时，或下汽缸法兰与砧座间隙小于 7mm 时，均应更换橡胶垫。

十一、对水冷式桩锤，应将水箱内的水加满;冷却水必须使用软水。冬季应加温水。

十二、桩锤启动前，应使桩锤、桩帽和桩在同一轴线上，不得偏心打桩。

十三、在桩贯入度较大的软土层启动桩锤时，应先关闭油门冷打，待每击贯入度小于 100mm 时，再开启油门启动桩锤。

十四、插桩后，应及时校正桩的垂直度;桩入土 3m 以上时，严禁用打桩机行走来纠正桩的倾斜度。

十五、锤击中，上活塞最大起跳高度不得超过出厂说明书规定;目视测定高度宜符合出厂说明书上的目测表或计算公式;当超过规定高度时，应减少油门，控制落距。

十六、当上活塞下落而柴油锤未燃爆时，上活塞可发生短时间的起伏，此时起落架不得落下，应防撞击碰块。

十七、打桩过程中，应有专人负责拉好曲臂上的控制绳，在意外情况下，可使用控制绳紧急停锤。

十八、当上活塞与起动钩脱离后，应将起落架继续提起，宜使它与上汽缸达到或超过 2m 的距离。

十九、作业中，应重点观察上活塞的润滑油是否从油孔中泄出。当下汽缸为自动加油泵润滑时，应经常打开油管头，检查有无油喷出;当无自动加油泵时，应每隔 15min 向下活塞润滑点注入润滑油;当一根桩打进时间超过 15min 时，则应在打完后立即加注润滑油。

二十、作业中，当桩锤冲击能量达到最大能量时，其最后 10 锤的贯入值不得小于 5mm。

二十一、桩帽中的填料不得偏斜，作业中应保证锤击桩帽中心。

二十二、作业中，当水套的水由于蒸发而低于下汽缸吸排气口时，应及时补充，严禁无水作业。

二十三、遇有雷雨、大雾和六级以上大风等恶劣气候时，应停止一切作业；当风力超过七级或有风暴警报时，应将打桩机顺风向停置，并应增加缆风绳。

二十四、停机后，应将桩锤放到最低位置，盖上汽缸盖和吸排气孔塞子，关闭燃料阀，将操作杆置于停机位置，起落架升至高于桩锤1m处，锁住安全限位装置。

二十五、长期停用的桩锤，应从桩机上卸下，放掉冷却水、燃油及润滑油，将燃烧室及上、下活塞打击面清洗干净，并应做好防腐措施，盖上保护套，入库保存。

振动锤桩机安全操作规程 FEJXSBAQ028

一、作业场地至电源变压器或供电主干线的距离应在200m以内；作业区应有明显标志或围栏，非工作人员不得进入。

二、电源容量与导线截面应符合出厂使用说明书的规定，启动时，当电动机额定电压变动在 $-5\%\sim+10\%$ 的范围内时，可以额定功率连续运行；当超过时，则应控制负荷。

三、液压箱、电气箱应置于安全平坦的地方；电气箱和电动机必须安装保护接地设施。

四、长期停放重新使用前，应测定电动机的绝缘值，且不得小于 $0.5M\Omega$ ，并应对电缆芯线进行导通试验；电缆外包橡胶层应完好无损。

五、应检查并确认电气箱内各部件完好，接触无松动，接触器触点无烧毛现象。

六、作业前，应检查振动桩锤减振器与连接螺栓的紧固性，不得在螺栓松动或缺件的状态下启动。

七、应检查并确认振动箱内润滑油位在规定范围内；用手盘转胶带轮时，振动箱内不得有任何异响。

八、应检查各传动胶带的松紧度，过松或过紧时应进行调整；胶带防护罩不应有破损。

九、夹持器与振动器连接处的紧固螺栓不得松动；液压缸根部的接头防护罩应齐全。

十、应检查夹持片的齿形；当齿形磨损超过 4mm 时，应更换或用堆焊修复；使用前，应在夹持片中间放一块 10 ~ 15mm 厚的钢板进行试夹；试夹中液压缸应无渗漏，系统压力应正常，不得在夹持片之间无钢板时试夹。

十一、悬挂振动桩锤的起重机，其吊钩上必须有防松脱的保护装置；振动桩锤悬挂钢架的耳环上应加装保险钢丝绳。

十二、启动振动桩锤应监视启动电流和电压，一次启动时间不应超过 10s；当启动困难时，应查明原因，排除故障后方可继续启动；启动后，应待电流降到正常值时方可转到运转位置。

十三、振动桩锤启动运转后，应待振幅达到规定值时方可作业。当振幅正常后仍不能拔桩时，应改用功率较大的振动桩锤。

十四、拔钢板桩时，应按沉入顺序的相反方向起拔；夹持器在夹持板桩时，应靠近相邻一根，对工字桩应夹紧腹板的中央；如钢板桩和工字桩的头部有钻孔时，应将钻孔焊平或将钻孔以上割掉，亦可在钻孔处焊加强板，应严防拔断钢板桩。

十五、夹桩时，不得在夹持器和桩的头部之间留有空隙，并应待压力表显示压力达到额定值后，方可指挥起重机起拔。

十六、拔桩时，当桩身埋入部分被拔起 1.0 ~ 1.5m 时，应停止振动，拴好吊桩用钢丝绳，再起振拔桩；当桩尖在地下只有 1 ~ 2m 时，应停止振动，由起重机直接拔桩；待桩完全拔出后，在吊桩钢丝绳未吊紧前，不得松开夹持器。

十七、沉桩前，应以桩的前端定位，调整导轨与桩的垂直度，不应使倾斜度超过 2°。

十八、沉桩时，吊桩的钢丝绳应紧跟桩下沉速度而放松；在桩入土 3m 之前，可利用桩机回转或导杆前后移动，校正桩的垂直度；在桩入土超过 3m 时，不得再进行校正。

十九、沉桩过程中，当电流表指数急剧上升时，应降低沉桩速度，使电动机不超载；但当桩沉入太慢时，可在振动桩锤上加一定量的配重。

二十、作业中，当遇液压软管破损、液压操纵箱失灵或停电（包括熔丝烧断）时，应立即停机，将换向开关放在"中间"位置，并应采取安全措施，不得让桩从夹持器中脱落。

二十一、作业中，应保持振动桩锤减振装置各摩擦部位具有良好的润滑。

二十二、作业后，应将振动桩锤沿导杆放至低处，并采用木块垫实，带桩管的振动桩锤可将桩管插入地下一半。

二十三、作业后，除应切断操纵箱上的总开关外，尚应切断配电盘上的开关，并应采用防雨布将操纵箱遮盖好。

挖掘机安全操作规程　FEJXSBAQ029

一、仔细阅读挖掘机相关使用说明材料，熟悉所驾驶车辆的使用和保养状况。

二、详细了解施工现场任务情况，检查挖掘机停机处土壤坚实性和平稳性；在挖掘基坑、沟槽时，检查路堑和沟槽边坡稳定性。禁止用挖掘机铲斗载人上下基坑、沟槽。

三、严禁任何人员在作业区内停留，工作场地应便于自卸车出入。

四、检查挖掘机液压系统、发动机、传动装置、制动装置、回转装置以及仪器、仪表，在经试运转并确认正常后方可工作。

五、操作开始前应发出信号。

六、作业时，要注意选择和创造合理的工作面，严禁掏洞挖掘；严禁将挖掘机布置在两个挖掘面内同时作业；严禁在电线等高空架设物下作业。

七、作业时，禁止随便调节发动机、调速器以及液压系统、电器系统；禁止用铲斗击碎或用回转机械方式破碎坚固物体；禁止用铲斗杆或铲斗油缸顶起挖掘机；禁止用挖掘机动臂拖拉位于侧面重物；禁止工作装置以突然下降的方式进行挖掘。

八、挖掘机应在汽车停稳后再进行装料，卸料时，在不碰及汽车任何部位的情况下，铲斗应尽量放低，并禁止铲斗从驾驶室上越过。

九、液压挖掘机正常工作时，液压油温应在50℃到80℃之间；机械使用前，若低于20℃时，要进行预热运转；达到或超过80℃时，应停机散热。

十、挖掘机行走时，应有专人指挥，且与高压线距离不得少于 5m；禁止倒退行走。

十一、在下坡行走时应低速、匀速行驶，禁止滑行和变速。

十二、挖掘机停放位置和行走路线应与路面、沟渠、基坑保持安全距离。

十三、挖掘机在斜坡停车，铲斗必须放到地面，所有操作杆置于中位。

十四、工作结束后，应将机身转正，将铲斗放到地面，并将所有操作杆置于空档位置；各部位制动器制动，关好机械门窗后，驾驶员方可离开。

强夯机安全操作规程 FEJXSBAQ030

一、担任强夯作业的主机，应按照强夯等级的要求经过计算选用；用履带式起重机作主机的，应执行履带式起重机的有关规定。

二、夯机的作业场地应平整，门架底座与夯机着地部位应保持水平，当下沉超过 100mm 时，应重新垫高。

三、强夯机械的门架、横梁、脱钩器等主要结构和部件的材料及制作质量，应经过严格检查，对不符合设计要求的，不得使用。

四、夯机在工作状态时，起重臂仰角应置于 70°。

五、梯形门架支腿不得前后错位，门架支腿在未支稳垫实前，不得提锤。

六、变换夯位后，应重新检查门架支腿，确认稳固可靠，然后再将锤提升 100～300mm，检查整机的稳定性，确认可靠后方可作业。

七、夯锤下落后，在吊钩尚未降至夯锤吊环附近前，操作人员不得提前下坑挂钩；从坑中提锤时，严禁挂钩人员站在锤上随锤提升。

八、当夯锤留有相应的通气孔在作业中出现堵塞现象时，应随时清理；但严禁在锤下进行清理。

九、当夯坑内有积水或因黏土产生的锤底吸附力增大时，应采取措施排除，不得强行提锤。

十、转移夯点时，夯锤应由辅机协助转移，门架随夯机移动前，支腿离地面高度不得超过500mm。

十一、作业后，应将夯锤下降，放实在地面上；非作业时严禁将锤悬挂在空中。

风动凿岩机安全操作规程 FEJXSBAQ031

一、凿岩前检查各部件（包括凿岩机、支架或凿岩台车）的完整性和转动情况，加注必要的润滑油，检查风路、水路是否畅通，各连接接头是否牢固。

二、工作面附近进行敲帮问顶，即检查工作面附近顶板及二帮有无活石、松石，并作必要的处理。

三、工作面平整的炮眼位置，要事先捣平方可凿岩，防止打滑或炮眼移位。

四、严禁打干眼，要坚持湿式凿岩，操作时先开水，后开风；停钻时先关风，后关水。开眼时先低速运转，待钻进一定深度后再全速钻进。

五、钻眼时扶钎人员不准戴手套。

六、使用气腿钻眼时，要注意站立姿势和位置，绝不能靠身体加压，更不能站立在凿岩机前方钢钎杆下，以防断钎伤人。

七、凿岩中发现不正常声音、排粉出水不正常时，应停机检查，找出原因并消除后，才能继续钻进。

八、退出凿岩机或更换钎杆时，凿岩机可慢速运转，切实注意凿岩机钢钎位置，避免钎杆自动脱落伤人，并及时关闭气路。

九、使用气腿凿岩时，要把顶尖切实顶牢，防止顶尖打滑伤人。

十、使用向上式凿岩机收缩支架时，须扶住钎杆，以防钎杆自动落下伤人。

空气压缩机安全操作规程 FEJXSBAQ032

一、空气压缩机的内燃机和电动机的使用应符合内燃机和电动机的有关规定。

二、空气压缩机作业区应保持清洁和干燥；贮气罐应放在通风良好处，距贮气罐 15m 以内不得进行焊接或热加工作业。

三、空气压缩机的进排气管较长时，应加以固定，管路不得有急弯；对较长管路应设伸缩变形装置。

四、贮气罐和输气管路每三年应作水压试验一次，试验压力应为额定压力的 150%；压力表和安全阀应每年至少校验一次。

五、作业前重点检查应符合下列要求：

（一）燃、润油料均添加充足。

（二）各连接部位紧固，各运动机构及各部位阀门开闭灵活。

（三）各防护装置齐全良好，贮气罐内无存水。

（四）电动空气压缩机的电动机及启动器外壳接地良好，接地电阻不大于 4Ω。

六、空气压缩机应在无载状态下启动，启动后低速空运转，检视各仪表指示值符合要求，运转正常后，逐步进入载荷运转。

七、输气胶管应保持畅通，不得扭曲。开启送气阀前，应将输气管道连接好，并通知现场有关人员后方可送气。在出气口前方，不得有人工作或站立。

八、作业中，贮气罐内压力不得超过铭牌额定压力，安全阀应灵敏有效。进、排气阀、轴承及各部件应无异响或过热现象。

九、每工作 2 小时，应将液气分离器、中间冷却器、后冷却器内的油水排放一次；贮气罐内的油水每班应排放 1 ~ 2 次。

十、发现下列情况之一时应立即停机检查，找出原因并排除故障后，方可继续作业：

（一）漏水、漏气、漏电或冷却水突然中断。

（二）压力表、温度表、电流表指示值超过规定。

（三）排气压力突然升高，排气阀、安全阀失效。

（四）机械有异响或电动机电刷发生强烈火花。

十一、运转中，在缺水而使气缸过热停机时，应待气缸自然降温至 60℃以下时，方可加水。

十二、当电动空气压缩机运转中突然停电时，应立即切断电源，等来电后重新在无载荷状态下启动。

十三、停机时，应先卸去载荷，然后分离主离合器，再停止内燃机或电动机的运转。

十四、停机后，应关闭冷却水阀门，打开放气阀，放出各级冷却器和贮气罐内的油水和存气，方可离岗。

十五、在潮湿地区及隧道中施工时，对空气压缩机外露摩擦面应定期加注润滑油，对电动机和电气设备应做好防潮保护工作。

十六、人工搬抬空气压缩机时，要配合得当，并检查使用的工具是否安全。

风镐安全操作规程 FEJXSBAQ033

一、连接气管时必须吹净管内杂物。

二、通气前，仔细检查压气管路、保证接头没有损坏之处，各连接部位必须安全可靠。

三、经常检查连接管，必须确保其为拧紧状态。

四、开机前要注润滑油，连续使用 2 ~ 3 小时应注一次润滑油。

五、在含有瓦斯的现场使用时，不能使用燃点低、易发火的润滑油。

六、作业时，应特别注意钎子的突然折断。

七、连续使用的机器应定期保养，清除机内脏物，更换损坏零件，清除故障隐患。

八、用过的机器，如果长时间存放，必须拆洗、除油，放置在阴凉干燥处。

九、操作者要穿戴好安全鞋、帽、眼镜、手套和防护耳罩。

十、钎子作业位置要正确。

十一、保持身体平衡，脚要离开钎子。

十二、风镐要顶紧破碎物体，要有足够推力，以达到良好效果。

十三、拆装风镐时应参照结构图，特别是配气阀的拆装更要细心，不要碰出毛刺；装好后，阀应灵活运动。

十四、停机时应可靠地关闭进气阀门，防止气动机构自动开启。

十五、风镐属于高噪声设备，必要时应对作业人员采取个体噪声防护措施。

十六、推进力要适当，防止镐钎突然断裂、脱落或更换镐钎操作不当造成镐钎脱落而刺伤、碰伤操作人员。

十七、在两人以上操作或移动风镐时，要注意相互协调，保持不小于 2.5m 的安全距离，严防操作不当造成人员伤害。

十八、使用前必须对风管接头处进行检查，确保连接牢靠，连接处必须用铁线绑牢，防止风管突然脱落，抽甩伤人。

十九、风镐在入井前必须严格进行检查并作防冻处理，确保使用安全可靠。

二十、每班前要对风包放水，做好防冻工作。

二十一、风镐及其附属设备一旦出现故障，必须及时升井进行处理。

二十二、在井棚设供热管，对升井的冻冰的风镐进行处理。

电镐安全操作规程 FEJXSBAQ034

一、请带上坚硬的帽子（安全帽）、安全眼镜和防护面具。还特别推荐带上防尘口罩、耳朵保护具和厚垫的手套。

二、操作之前必须确认凿嘴被紧固在规定的位置上。

三、在一般操作时，本工具被设计用来产生振动。因而螺钉容易松动，从而导致拆断或事故；所以操作之前必须仔细检查螺钉是否紧固。

四、寒冷季节或当工具很长时间没有用时，则应当让其在无负荷下运转几分钟以加热工具。

五、必须确认站在很结实的地方。当在高处使用工具时，必须确认下面无人。

六、用双手紧握工具。

七、不可用手触摸工具。

八、工具旋转时不可脱手；只有当手拿起工具后方可启动工具。

九、操作时，不可将凿嘴指向任何在场的人。冲头正前方 2.5m 内禁止有人，因冲头可能会飞出去而导致严重人身伤害事故。

十、当凿嘴凿进墙壁、地板或任何可能会埋藏电线的地方时，决不可触摸工具的任何金属部位，握住工具的塑料把手或侧面抓手以防凿到埋藏电线而触电。

十一、操作完手不可立刻就触摸凿嘴或接近凿嘴的部件，因其可能会非常热而烫坏皮肤。

电锤安全操作规程 FEJXSBAQ035

一、使用电锤时的个人防护：

（一）操作者要戴好防护眼镜，以保护眼睛，当面部朝上作业时，要戴上防护面罩。

（二）长期作业时要塞好耳塞，以减轻噪声的影响。

（三）长期作业后钻头处在灼热状态，在更换时应注意灼伤肌肤。

（四）作业时应使用侧柄，双手操作，以防旋转时反作用力扭伤胳膊。

（五）站在梯子上工作或高处作业应做好防高处坠落措施，梯子应有地面人员扶持。

二、作业前应注意事项：

（一）确认现场所接电源与电锤铭牌是否相符，是否接有漏电保护器。

（二）钻头与夹持器应适配，并妥善安装。

（三）钻凿墙壁、天花板、地板时，应先确认有无埋设电缆或管道等。

（四）在高处作业时，要充分注意下面的物体和行人安全，必要时设警戒标志。

（五）确认电锤上开关是否切断，若电源开关接通，则插头插入电源插座时电动工具将出其不意地立刻转动，从而可能招致人员伤害危险。

（六）若作业场所在远离电源的地点，需延伸线缆时，应使用容量足够、安装合格的延伸线缆；延伸线缆如通过人行过道，应高架或做好防止线缆被碾压损坏的措施。

三、电锤的正确操作方法：

（一）"带冲击钻孔"作业：

1. 将工作方式旋钮拔至冲击转孔位置。

2. 把钻头放到需钻孔位置，然后拔动开关触发器。锤钻只需轻微推压，让切屑能自由排出即可，不要使劲推压。

（二）"凿平、破碎"作业：

1. 将工作方式旋钮拔至"单锤击"位置。

2. 利用钻机自重进行作业，不必用力推压。

3. 把钻头放到需钻孔的位置上，然后拔动开关触发器，轻推即可。

四、维护和检查：

（一）检查钻头。使用迟钝或弯曲的钻头，将使电动机过负荷面工况失常，并降低作业效率，因此，若发现这类情况，应立刻处理更换。

（二）电锤器身紧固螺钉检查。由于电锤作业产生冲击，易使电锤机身安装螺钉松动，应经常检查其紧固情况；若发现螺钉松了，应立即重新扭紧，否则会导致电锤故障。

（三）检查碳刷，电动机上的碳刷是一种消耗品，其磨耗度一旦超出极限，电动机将发生故障，因此，磨耗了的碳刷应立即更换；此外，碳刷必须经常保持干净状态。

（四）保护接地线检查，保护接地线是保护人身安全的重要措施，因此 I 类器具（金属外壳）应经常检查，其外壳应有良好的接地。

（五）检查防尘罩，防尘罩旨在防护尘污浸入内部机构，若防尘罩内部磨坏，应即刻加以更换。

发电机安全操作规程 FEJXSBAQ036

一、施工现场柴油发电机的额定电压必须与外电线路电源电压等级相符。

二、固定式柴油发电机应安装在室内符合规定的基础上，并应高出室内地面 0.25 ～ 0.30m；移动式柴油发电机组应处于水平状态，放置稳固，其拖车应可靠接地，前后轮应卡住；室外使用的柴油发电机组应搭设防护棚。

三、以柴油机为动力的发电机，其发动机部分的操作按内燃机的有关规定执行。

四、发电机启动前必须认真检查各部分接线是否正确，各连接部分是否牢靠，电刷是否正常、压力是否符合要求，接地线是否良好。

五、启动前将励磁变阻器的阻值放在最大位置上，断开输出开关，有离合器的发电机组应脱开离合器。先将柴油机空载启动，运转平稳后再启动发电机。

六、发电机开始运转后，应随时注意有无机械杂声、异常振动等情况。确认情况正常后，调整发电机至额定转速，电压调到额定值，然后合上输出开关，向外供电。负荷应逐步增大，力求三相平衡。

七、发电机并联运行必须满足频率相同、电压相同、相位相同、相序相同的条件才能进行。

八、准备并联运行的发电机必须都已进入正常稳定运转。

九、接到"准备并联"的信号后，以整部装置为准，调整柴油机转速，在同步瞬间合闸。

十、并联运行的发电机应合理调整负荷，均衡分配各发电机的有功功率及无功功率。有功功率通过柴油机油门来调节，无功功率通过励磁来调节。

十一、运行中的发电机应密切注意发动机声音，观察各种仪表指示是否在正常范围之内。检查运转部分是否正常，发电机温升是否过高，并做好运行记录。

十二、停车时，先减负荷，将励磁变阻器回复，使电压降到最小值，然后按顺序切断开关，最后停止柴油机运转。

十三、并联运行的柴油机如因负荷下降而需停车一台，应先将需要停车的一台发电机的负荷，全部转移到继续运转的发电机上，然后按单台发电机停车的方法进行停车；如需全部停车则先将负荷切断，然后按单台发电机停机办理。

十四、移动式发电机，使用前必须将底架停放在平稳的基础上，运转时不准移动。

十五、发电机在运转时，即使未加励磁，亦应认为带有电压。禁止在旋转着的发电机引出线上工作及用手触及转子或进行清扫；运转中的发电机不得使用帆布等物遮盖。

十六、发电机经检修后必须仔细检查转子及定子槽间有无工具、材料及其他杂物，以免运转时损坏发电机。

十七、机房内一切电器设备必须可靠接地。

十八、机房内禁止堆放杂物和易燃、易爆物品，除值班人员外，未经许可禁止其他人员进入。

十九、房内应设有必要的消防器材，发生火灾事故时应立即停止送电，关闭发电机，并用二氧化碳或四氯化碳灭火器扑救。

潜水泵安全操作规程 FEJXSBAQ037

一、潜水泵宜先装在坚固的篮筐里再放入水中，亦可在水中将泵的四周设立坚固的防护围网。泵应直立于水中，水深不得小于 0.5m，不得在含泥砂的水中使用。

二、潜水泵放入水中或提出水面时，应先切断电源，严禁拉拽电缆或出水管。

三、潜水泵应装设保护接零或漏电保护装置，工作时泵周围 30m 以内水面，不得有人、畜进入。

四、启动前检查项目应符合下列要求：

（一）水管结扎牢固。

（二）放气、放水、注油等螺塞均旋紧。

（三）叶轮和进水节无杂物。

（四）电缆绝缘良好。

五、接通电源后，应先试运转，并应检查并确认旋转方向正确，在水外运转时间不得超过 5min。

六、应经常观察水位变化，叶轮中心至水平距离应在 0.5 ~ 3.0m 之间，泵体不得陷入污泥或露出水面；电缆不得与井壁、池壁相擦。

七、新泵或新换密封圈，在使用 50h 后，应旋开放水封口塞，检查水、油的泄漏量；当泄漏量超过 5mL 时，应进行 0.2MPa 的气压试验，查出原因，予以排除，以后应每月检查一次；当泄漏量不超过 25mL 时，可继续使用。检查后应换上规定的润滑油。

八、经过修理的油浸式潜水泵，应先经 0.2MPa 气压试验，检查各部无泄漏现象，然后将润滑油加入上、下壳体内。

九、当气温降到 0℃ 以下时，在停止运转后，应从水中提出潜水泵擦干后存放室内。

十、每周应测定一次电动机定子绕组的绝缘电阻，其值应无下降。

混凝土真空吸水设备安全操作规程 FEJXSBAQ038

一、真空室内过滤网应完整，集水室通向真空泵的回水管上的旋塞开启应灵活，指示仪表应正确，进出水管应按出厂说明书要求连接。

二、启动后，应检查并确认电动机旋转方向与罩壳上箭头指向一致，然后应堵住进水口，检查泵机空载真空度，表值不应小于 96kPa；当不符合上述要求时，应检查泵组、管道及工作装置的密封情况；有损坏时，应及时修理或更换。

三、作业开始即应计时量水，观察机组真空表，并应随时做好记录。

四、作业后，应冲洗水箱及滤网的泥砂，并应放尽水箱内存水。

五、冬期施工或存放不用时，应把真空泵内的冷却水放尽。

混凝土切割机安全操作规程 FEJXSBAQ039

一、切割机械上的工作机构应保证状态、性能正常，安装稳妥，坚固可靠。

二、使用前，应检查并确认电动机、电缆线均正常，保护接地良好，防护装置安全有效，锯片选用符合要求，安装正确。

三、启动后，应空载运转，检查并确认锯片运转方向正确，升降机构灵活，运转中无异常、异响，一切正常后，方可作业。

四、操作人员应双手按紧工件，均匀送料；在推进切割机时，不得用力过猛。操作时不得戴手套。

五、切割厚度应按机械出厂铭牌规定进行，不得超厚切割。

六、加工件送到与锯片相距300mm处或切割小块料时，应使用专用工具送料，不得直接用手推料。

七、作业中，当工件发生冲击、跳动及异常声响时，应立即停机检查，排除故障后，方可继续作业。

八、严禁在运转中检查、维修各部件。锯台上和构件锯缝中的碎屑应采用专用工具及时清除，不得用手拣拾或抹拭。

九、作业后，应清洗机身，擦干锯片，排放水箱余水，收回电缆线，并存放在干燥、通风处。

十、长期搁置再用的机械，使用前除必要的机械部分维修保养外，必须测量电动机绝缘电阻，合格后方可使用。

推土机安全操作规程 FEJXSBAQ040

一、推土机在坚硬土壤或多石土壤地带作业时，应先进行爆破或用松土器翻松；在沼泽地带作业时，应更换湿地专用履带板。

二、推土机行驶通过或在其上作业的桥、涵、堤、坝等，应具备相应的承载能力。

三、不得用推土机推石灰、煤灰等粉尘物料和用作碾碎石块的作业。

四、牵引其他机械设备时，应有专人负责指挥；钢丝绳的连接应牢固可靠；在坡道或长距离牵引时，应采用牵引杆连接。

五、作业前重点检查项目应符合下列要求：

（一）各部件无松动、连接良好。

（二）燃油、润滑油、液压油等符合规定。

（三）各系统管路无裂纹或泄漏。

（四）各操纵杆和制动踏板的行程、履带的松紧度或轮胎气压均符合要求。

六、启动前，应将主离合器分离，各操纵杆放在空档位置，并应按照本规程第3.2节的规定启动内燃机，严禁拖、顶启动。

七、启动后应检查各仪表指示值，液压系统应工作有效；当运转正常、水温达到55℃、机油温度达到45℃时，方可全载荷作业。

八、推土机行驶前，严禁有人站在履带或刀片的支架上，机械四周应无障碍物，确认安全后，方可开动。

九、采用主离合器传动的推土机接合应平稳，起步不得过猛，不得使离合器处于半接合状态下运转；液力传动的推土机，应先解除变速杆的锁紧状态，踏下减速器踏板，变速杆应在一定档位，然后缓慢释放减速踏板。

十、在块石路面行驶时，应将履带张紧。当需要原地旋转或急转弯时，应采用低速档进行；当行走机构夹入块石时，应采用正、反向往复行驶，使块石排除。

十一、在浅水地带行驶或作业时，应查明水深，冷却风扇叶不得接触水面；下水前和出水后，均应对行走装置加注润滑脂。

十二、推土机上、下坡或超过障碍物时应采用低速档。上坡不得换档，下坡不得空档滑行；横向行驶的坡度不得超过10°；当需要在陡坡上推土时，应先进行填挖，使机身保持平衡，方可作业。

十三、在上坡途中，当内燃机突然熄灭，应立即放下铲刀，并锁住制动踏板；在分离主离合器后，方可重新启动内燃机。

十四、下坡时，当推土机下行速度大于内燃机传动速度时，转向动作的操纵应与平地行走时操纵的方向相反，此时不得使用制动器。

十五、填沟作业驶近边坡时，铲刀不得越出边缘；后退时，应先换档，方可提升铲刀进行倒车。

十六、在深沟、基坑或陡坡地区作业时，应有专人指挥，其垂直边坡高度不应大于2m。

十七、在推土或松土作业中不得超载，不得做有损于铲刀、推土架、松土器等装置的动作，各项操作应缓慢平稳；无液力变矩器装置的推土机，在作业中有超载趋势时，应稍微提升刀片或变换低速档。

十八、推树时，树干不得倒向推土机及高空架设物；推屋墙或围墙时，其高度不宜超过2.5m；严禁推带有钢筋或与地基基础连接的混凝土桩等建筑物。

十九、两台以上推土机在同一地区作业时，前后距离应大于8.0m；左右距离应大于1.5m；在狭窄道路上行驶时，未经前机同意，后机不得超越。

二十、推土机顶推铲运机作助铲时，应符合下列要求：

（一）进入助铲位置进行顶推中，应与铲运机保持同一直线行驶。

（二）铲刀的提升高度应适当，不得触及铲斗的轮胎。

（三）助铲时应均匀用力，不得猛推猛撞，应防止将铲斗后轮胎顶离地面或使铲斗吃土过深。

（四）铲斗满载提升时，应减少推力，待铲斗提离地面后即减速脱离接触。

（五）后退时，应先看清后方情况，当需绕过正后方驶来的铲运机倒向助铲位置时，宜从来车的左侧绕行。

二十一、推土机转移行驶时，铲刀距地面宜为400mm，不得用高速档行驶和进行急转弯；不得长距离倒退行驶。

二十二、作业完毕后，应将推土机开到平坦安全的地方，落下铲刀，有松土器的，应将松土器爪落下；在坡道上停机时，应将变速杆挂低速档，接合主离合器，锁住制动踏板，并将履带或轮胎楔住。

二十三、停机时，应先降低内燃机转速，变速杆放在空档，锁紧液力传动的变速杆，分开主离合器，踏下制动踏板并锁紧，待水温降到75℃以下，油温度降到90℃以下时，方可熄火。

二十四、推土机长途转移工地时，应采用平板拖车装运；短途行走转移时，距离不宜超过10km，并在行走过程中应经常检查和润滑行走装置。

二十五、在推土机下面检修时，内燃机必须熄火，铲刀应放下或垫稳。

振动压路机安全操作规程 FEJXSBAQ041

一、作业时，压路机应先起步后才能起振，内燃机应先置于中速，然后再调至高速。

二、变速与换向时应先停机，变速时应降低内燃机转速。

三、严禁压路机在坚实的地面上进行振动。

四、碾压松软路基时，应先在不振动的情况下碾压 1 ~ 2 遍，然后再振动碾压。

五、碾压时，振动频率应保持一致。对可调整振频的振动压路机，应先调好振动频率后再作业，不得在没有起振情况下调整振动频率。

六、换向离合器、起振离合器和制动器的调整，应在主离合器脱开后进行。

七、上、下坡时，不得使用快速档。在急转弯时，包括铰接式振动压路机在小转弯绕圈碾压时，严禁使用快速档。

八、压路机在高速行驶时不得接合振动。

九、停机时应先停振，然后将换向机构置于中间位置，变速器置于空档；最后拉起手制动操纵杆，内燃机怠速运转数分钟后熄火。

十、其他作业要求应符合静压压路机的规定。

电动葫芦安全操作规程 FEJXSBAQ042

一、使用维护：

（一）新安装或经拆检后安装的电动葫芦，首先应进行空车试运转数次。但在未安装完毕前，切忌通电试转。

（二）在正常使用前应进行以额定负荷的 125%，起升离地面约 100mm，10min 的静负荷试验，并检查是否正常。

（三）动负荷试验是以额定负荷重量，作反复升降与左右移动试验，试验后检查其机械传动部分、电器部分和连接部分是否正常可靠。

（四）在使用中，绝对禁止在不允许的环境下，及超过额定负荷和每小时额定合闸次数（120 次）的情况下使用。

（五）安装调试和维护时，必须严格检查限位装置是否灵活可靠，当吊钩升至上极限位置时，吊钩外壳到卷筒外壳之距离必须大于 50mm（10t、16t、20t 必须大于 120mm）；当吊钩降至下极限位置时，应保证卷筒上钢丝绳安全圈，有效安全圈必须在 2 圈以上。

（六）不允许同时按下两个使电动葫芦按相反方向运动的手电门按钮。

（七）工作完毕后必须把电源的总闸拉开，切断电源。

（八）电动葫芦应由专人操纵，操纵者应充分掌握安全操作规程，严禁歪拉斜吊。

（九）在使用中必须由专门人员定期对电动葫芦进行检查，发现故障及时采取措施，并仔细加以记录。

（十）调整电动葫芦制动下滑量时，应保证额定载荷下，制动下滑量 $S \leq V/100$（V 为负载下 1min 内稳定起升的距离）。

（十一）钢丝绳的报废标准：

钢丝绳的检验和报废标准按《起重机 钢丝绳 保养、维护、安装、检验和报废》GB/T 5972—2009 执行。

（十二）电动葫芦使用中必须保持足够的润滑油，并保持润滑油的干净，不应含有杂质和污垢。

（十三）钢丝绳上油时应该使用硬毛刷或木质小片，严禁直接用手给正在工作的钢丝绳上油。

（十四）电动葫芦不工作时，不允许把重物悬于空中，防止零件产生永久变形。

（十五）在使用过程中如果发现故障，应立即切断主电源。

（十六）使用中应特别注意易损件情况。

（十七)10 ~ 20t 葫芦在长时间连续运转后，可能出现自动断电现象，这属于电机的过热保护功能，此时可以下降。过一段时间，待电机冷却下来后即可继续工作。

（十八）使用与管理按《钢丝绳电动葫芦 安全规则》JB 9009—1999 中第 4 条执行。

（十九）检查与维修按《钢丝绳电动葫芦 安全规则》JB 9009—1999 中第 5 条执行。

二、安全注意事项：

在了解操作说明的基础上，还请注意下列事项：

（一）请对使用说明书和铭牌上内容熟记后再操作。

（二）请将上、下限位的停止块调整后再起吊物体。

（三）在使用之前请确认制动器状况是否可靠。

（四）使用前若发现钢丝绳出现下列异常情况时，绝对不要操作：

1. 弯曲、变形、腐蚀等。

2. 钢丝绳断裂程度超过规定要求，磨损量大。

（五）安装使用前请用 500V 兆欧表检查电机和控制箱的绝缘电阻，在常温下冷态电阻应大于 5MΩ，方可使用。

（六）请绝对不要起吊超过额定负载量的物件，额定负载量在起吊钩铭牌上已标明。

（七）起吊物上禁止乘人，另绝对不要将电动葫芦作为电梯的起升机构用来载人。

（八）起吊物件的下面不得有人。

（九）起吊物体、吊钩在摇摆状态下不能起吊。

（十）请将葫芦移动到物体正上方再起吊，不得斜吊。

（十一）限位器不允许当作行程开关反复使用。

（十二）不得起吊与地面相连的物体。

（十三）不要过多点动操作。

（十四）不要用手在电门线前拉其他物体。

（十五）在维修检查前一定要切断电源。

（十六）维修检查工作一定要在空载状态下进行。

（十七）使用前请确认楔块是否安装牢固可靠。

手拉葫芦安全操作规程 FEJXSBAQ043

一、工作前要认真检查手拉葫芦有无缺陷和损坏，并要灵活可靠，如有问题，严禁使用。

二、吊挂点必须牢固可靠，挂葫芦时要挂稳挂牢，防止起吊后发生事故；吊挂支架分布场地要平整、坚实，避开预留孔洞；禁止把支架腿布设在孔洞边缘。

三、拉链时要观察好周围有无障碍物，在高处拉链时，脚要站稳、站牢，两人拉链时要相互配合一致；吊挂支架腿禁止用废模板、方木等半腐朽物料衬垫。

四、起重时，不准超负荷，多葫芦起吊，每个葫芦的额定负荷不得小于其计算负荷的1.5倍，避免因其他葫芦失灵，造成超负荷而发生事故。

五、起吊重物时，拉链如果拉不动或卡住，不准强拉，要及时检查处理，必要时更换葫芦替吊后卸下修理。

六、手拉葫芦的安全要求、使用规则及维护方法：

（一）严禁超载使用。

（二）严禁用人力以外的其他动力操作。

（三）在使用前须确认机件完好无损，传动部分及起重链条润滑良好，空转情况正常。

（四）起吊前检查上下吊钩是否挂牢，严禁重物吊在尖端等错误操作；起重链条应垂直悬挂，不得有错扭的链环，双行链的下吊钩架不得翻转。

（五）操作者应站在与手链轮同一平面内拽动手链条，使手链轮沿顺时针方向旋转，即可使重物上升；反向拽动手链条，重物即可缓缓下降。

（六）在起吊重物时，严禁人员在重物下做任何工作或行走，以免发生人身事故。

（七）在起吊过程中，无论重物上升或下降，拽动手链条时，用力应均匀和缓，不要用力过猛，以免手链条跳动或卡环。

（八）操作者如发现手拉力大于正常拉力时，应立即停止使用。

（九）使用完毕应将葫芦清理干净并涂上防锈油脂，存放在干燥地方。

（十）维护和检修应由较熟悉葫芦机构者进行，防止不懂本机性能原理者随意拆装。

（十一）葫芦经过清洗维修，应进行空载试验，确认工作正常、制动可靠时，才能交付使用。

（十二）制动器的摩擦表面必须保持干净。制动器部分应经常检查，防止制动失灵，发生重物自坠现象。

七、使用手拉葫芦的安全要求：

（一）使用前检查吊钩、链条、轮轴、链盘，如有锈蚀、裂纹、损伤、传动部分不灵活应严禁使用。

（二）使用时，倒松链条挂好起吊物件，慢慢拉动牵引链条，待起重链条受力后，再检查齿轮啮合，以及自锁装置的工作状态，确认无误方可继续作业。

（三）使用中起重量不得超过其额定起重量，在 -10℃以下，不得超过其额定起重量的一半。

（四）拉动链条时，应均匀和缓，并应与链轮盘方向一致，不得斜向拽动，以防跳链、掉槽、卡链现象发生。

（五）倒链起重量不明或起吊物体的重量不详时，只要一人能拉动链条就可继续工作；如一人拉不动，应查明原因，严禁两人或多人一齐猛拉，以防发生事故。

（六）齿轮部分应经常加油润滑，棘爪、棘爪弹簧和棘轮应经常检查，以防止制动失灵，吊运构件时自坠伤人损物。

（七）倒链使用完后应拆卸清洗干净，重新上好润滑油，安装好送库房套上塑料罩，挂好妥善保存。

液压式升降台安全操作规程 FEJXSBAQ044

一、安全操作与危险控制：

（一）操作前需办理高空作业证。

（二）作业时支腿必须支撑。

（三）禁止自然风大于 6 级的室外高空作业。

（四）禁止升降台在移动时载人。

（五）禁止带电操作的高空作业。

（六）禁止超过额定载荷情况下高空作业。

（七）禁止自行改制液压升降台进行高空作业。

（八）操作台面作业必须佩带安全带。

（九）高空作业时需设置人员在场监督操作。

二、使用前检查：

为了保证升降台处于良好工作状态，请明确专职人员在使用前作以下性能检验。

（一）电源线及插座的完好性。

（二）控制按钮的灵敏度。

（三）输油管的完好性。

（四）各交接点螺栓的紧固性。

（五）护栏的稳固性。

（六）外观质量的完好性。

三、操作方法：

（一）撑开支腿，调整支腿螺栓，使升降台平衡受力于支腿并保持水平。

（二）接通电源，指示灯亮后按操作按钮，即可进行上升、下降工作。

吊篮安全技术操作规程 FEJXSBAQ045

一、操作人员必须身体健康，并经过专业培训考试合格，在取得有关部门颁发的操作证后方可独立操作；学员必须在师傅的指导下进行操作。

二、安装后进行下列各项检查试验，确认正常后，方可交付使用。检查屋面机构的安装，应配合良好，锚固可靠；悬臂长度及连接方式均正确。

三、钢丝绳无扭结、挤伤、松散；磨损、断丝不超限，悬挂、绕绳方式及悬重均正确。

四、防坠落及外旋转机构的安全保护装置齐全可靠。

五、电机无异响、过热，启动正常、制动可靠。

六、吊篮应做额定起重量125%的静超载试验和１１０％的动超载试验，要求升降正常，限位装置灵敏可靠。

七、作业前应进行下列检查：

（一）屋面机构、悬重及钢丝绳符合要求。

（二）电源电压应正常，接地（接零）保护良好。

（三）机械设备正常，安全保护装置齐全可靠。

（四）吊篮内无杂物，严禁超载。

八、启动后，进行升降吊篮运转试验，确认正常后方可作业；作业中，发现运转不正常时，应立即停机，并采取安全保护措施；未经专业人员检验修复前不得继续使用。

九、利用吊篮进行电焊作业时，必须对吊篮、钢丝绳进行全面防护，不得用其作为接线回路。

十、上下吊篮时，禁止从建筑物顶部和窗口出入吊篮。

十一、作业后，吊篮应清扫干净，悬挂离地面3m处，切断电源，撤去梯子。

吊板安全操作规程 FEJXSBAQ046

一、铁链与坐板、挂钩捆扎应牢固。使用前应检查栓固点强度，选择安全可靠的栓固点，检查坐板劈裂、腐朽或挂钩磨损 1/4 时，不准再用。

二、坐吊板必须系安全带，并将围杆绳拢在吊线上。

三、在 2.0/7 以下股（含 2.0/7 股）的吊线上，不准坐吊板；在一个杆档内不准两人坐吊板；在墙壁上作吊线终端者，在该段吊线上不准坐吊板。

四、坐吊板过吊线接头时，必须使用梯子；过电杆必须使用梯子或穿上脚扣上到电杆上过，严禁爬抱电杆而过。

五、在吊线周围 70cm 以内有电力线或用户灯线时，不准坐吊板作业。

混凝土布料机安全操作规程 FEJXSBAQ047

一、布料机尾部的配重体要严格按照设计要求配重，严禁超轻或超重导致机体失衡。

二、混凝土布料机在安装使用前必须对机体各部件的连接点进行细致的检查，特别是焊接点的连接部分严禁出现裂纹；如果发现焊接点有裂纹，必须立即由专业人员进行维修。

三、布料机安装到位后必须用直径 10mm 的钢丝绳分别从 4 个方向与机体、结构连接牢固；钢丝绳折弯点要大于 50cm 用 3 个卡扣，从不同的方向将钢丝绳卡牢，防止布料机倾覆。

四、从混凝土地泵安装泵管起至与布料机安装泵管止；沿线的泵管必须固定牢固，防止泵管摆动出现安全事故。

五、当风速超过 13.8m/s（六级风）时，严禁布料机工作；当风速超过 7.78m/s（四级风）时，严禁布料机装拆，内爬顶升。

六、布料机应与高压线及电器保持一定距离。

七、端部浇筑软管必须系好安全绳，禁止使用长度超过 3m 的末端软管浇筑，不得将软管插入浇筑的混凝土中，严格按照布料机范围工作。

八、布料机工作时臂架下方不准站人。

九、液压系统压力不得超过 25MPa。

十、严禁在输送管及油管内有压力时打开管接头。

十一、严禁将端部软管拆掉、让臂架和另一刚性输送管路连接。

十二、回转过程中，严禁在整机未停稳时刹车或做反向运转；回转处接头管箍不可固定太紧，保证转动灵活，每班次须清理、润滑回转接头管箍密封一次。

十三、检修或保养时，应切断地面电源，不准带电检修保养。

十四、工作结束时必须将臂架收合、挂好安全钩、大臂水平放置，确认布料机放置稳固后，切断地面电源。

液压破碎锤安全技术操作规程 FEJXSBAQ048

一、作业时，司机室的门窗必须关闭，前窗必须加装安全防护网。

二、作业现场的工作人员必须距离液压锤作业点 10m 以上。

三、必须在设备本体前后指定作业范围内进行旋转作业。

四、禁止使用手或身体其他部位检查设备的各种管线、管子及软管是否漏油，必须使用木板或硬纸片进行检查。

五、液压系统的各种管线、管子及软管接头、所有的销轴、螺栓必须紧固牢靠。

六、禁止使用各种端接头损坏或漏油、外皮磨损、割伤、变形等有缺陷的液压备品备件。

七、在液压锤上直接进行焊接作业时，应将液压锤从设备本体上取下。

八、液压锤仅用于破碎作业，禁止用于吊装或用锤身做扫地作业。

九、根据工作要求选择合适的钎头；安装钎头时，必须使用合格的保险销，且固定牢靠，禁止使用磨损严重或报废的保险销。

十、使用时，液压锤的钎头必须垂直和抵住作业物后方可启动；禁止空打液压锤，禁止使用液压锤的锤身和钎头撬石或勾石块。

十一、禁止使用动臂斗杆动作将液压锤的各部用于撞击岩石或坚硬的物件，禁止使用液压锤锤身的侧面或背面移动岩石或其他坚硬的物体。

十二、使用拖车拉运装有液压锤的设备本体时，必须将液压锤水平放置在车厢板上，禁止将液压锤对准司机室。

十三、装卸钎杆或维护检修时，液压锤必须水平放置在高度适宜的木块上或将液压锤支撑稳固好后方可进行，且注意钎杆或其他物件脱落。

十四、液压锤使用完后，必须将液压锤上散落的石块等杂物清扫干净。

附件三　其他安全管理规定

施工现场十大安全纪律 FSAQGL001

一、施工人员必须进行安全培训且经考试合格后方可上岗。

二、进入施工现场的人必须正确佩戴符合标准的安全帽。

三、从事高处施工作业的人员必须经体检合格后方能上岗。

四、班前不交底、工作无措施、安全设施不完善禁止施工。

五、严禁私自拆改脚手架和挪用安全防护设施及安全标牌。

六、禁止非起重指挥的人员指挥吊装机械移动和起吊重物。

七、禁止私自使用、移动消防器材、消火栓及消防物品。

八、着装不符规定、无胸卡的施工作业人员严禁进入现场。

九、禁止饮酒后、无证车辆、无证驾驶人员进入施工现场。

十、严禁私自切断或堵塞施工道路，不允许在道路上作业。

施工现场十大禁令 FSAQGL002

一、不戴好安全帽，不准进入施工现场。

二、不系安全带，不准悬空高处作业。

三、不是机械操作工人，不准开动机械设备。

四、高处作业不准打打闹闹，不准从高处向下抛掷杂物。

五、吊钩下不准站人。

六、龙门（井）架下不准乘人上下。

七、不准穿高跟鞋、拖鞋或光脚进入施工现场。

八、不准酒后上岗作业。

九、不准带小孩进入施工现场。

十、在建建筑内禁止住人。

建筑施工十项安全技术措施　FSAQGL003

一、要按规定使用"三宝"。

二、机械设备防护装置，一定要齐全有效。

三、起重吊装设备必须有超高限位器、停车器、断绳保险器等装置。各种机械设备都不准"带病"运行，不准超负荷作业，不准在运行中维护保养。

四、施工现场用电必须符合建设部颁布的《施工现场临时用电安全技术规范》JGJ 46—2005。

五、现场电动机械和手持电动工具必须分别设置二级和三级漏电保护。

六、脚手架材料及其搭设必须符合规程要求。

七、缆风绳设置及其装置必须符合规程要求。

八、高处作业严禁穿着高跟鞋、硬底或带钉易滑的鞋。

九、在建工程的楼梯口、预留洞口、通道口、电梯井口等，必须用栏杆或盖板加以防护。

十、施工现场道路畅通，材料、构件堆放整齐；场内悬崖、陡坎等处所，应用篱笆、木板或铁丝网围设栅栏；施工现场安全标语或安全色标的设置必须达到国标要求；场内危险地区夜间要挂红灯示警。

人的不安全行为　FSAQGL004

一、操作错误，忽视安全，忽视警告，拆除安全装置，人为造成安全装置失效。

二、使用无安全装置的设备和不牢固的设施。

三、以手工代替工具操作。

四、冒险进入危险场所。

五、攀、爬不安全位置。

六、在必须使用个人防护用品、用具的作业或场所中，不佩戴或不正确佩戴防护用品，或使用不合格、不适用的防护用品。

七、不安全装束，如在有旋转部件的设备旁边作业穿过肥、过大的服装，操作车床等机械时戴手套、穿高跟鞋等。

八、对易燃、易爆等危险物品处理不当或处理错误。

物的不安全状态 FSAQGL005

一、机械或设备的防护、保险、信号等装置缺乏，或装置本身存在缺陷。

二、设备在非正常状态下运行，或设备长期带病运转、超负荷运转。

三、设备维修、调整不当，或保养不良、失修、失灵。

四、个人劳动防护用品缺少，或防护用品不符合劳动安全卫生要求。

五、生产场地环境不良，有严重的噪声、粉尘、辐射、有毒、有害气体等。

六、操作工序设计或相关配置不安全，产品生产流程中有较多的危险因素。

七、危险物品储存方法不安全或环境（如温度、湿度、间距）异常。

施工现场临时用电安全管理规定 FSAQGL006

一、施工现场的一切电气作业必须由持有特种作业资格证的电工承担；无证人员不得违章作业。

二、临时用电必须按规定敷设线路，选用的电线、电缆必须满足用电安全性需要。

三、架空线路必须采用绝缘线架空在木制或水泥电杆上，严禁架设在脚手架上。

四、低压架空线路架空高度不得低于2.5m，跨越道路时离地面高度不低于6m。

五、施工现场禁止使用导线；禁止利用未完工的正式电路进行施工照明。

六、绝缘导线临时在地面铺设或穿越道路埋设时必须加钢套管保护。

七、电气设备移装或拆除后，不得留有可能带电的线头。

八、现场用电必须实行"一机一闸一保"和三级配电两级保护制，严禁一个开关控制两台以上用电器具。

九、施工现场电气设备及手持电动工具应由可靠的接地及漏电保护措施。

十、现场用闸刀开关，防护盖应齐全，不得以金属丝代替保险丝。不得带负荷开合闸。

十一、防爆场所，严禁用非防爆设备及非防爆电源接插头（座）。

十二、电器设备检修时或接线时，应先切断电源，并挂上"有人作业，严禁合闸"的警示牌。

十三、现场用照明电路必须绝缘良好，布置整齐；照明灯具的高度，室内不低于2.5m，室外不低于3m。

十四、有限空间作业，必须使用符合安全电压的行灯。

脚手架拆除作业安全管理规定 FSAQGL007

一、一定要按照先上后下、先外后里、先架面材料后构架材料、先辅件后结构件和先结构件后附墙件的顺序，一件一件地松开连接，取出后随即吊下（或集中到毗邻的未拆的架面上，扎捆后吊下）。

二、拆卸脚手板、杆件、门架及其他较长、较重、有两端连接的部件时，必须要两人或多人一组进行；禁止单人进行拆卸作业，防止把持杆件不稳、失衡而发生事故；拆除水平杆件时，松开连接后，水平托持取下；拆除立杆时，在把稳上端后，再松开下端连接取下。

三、多人或多组进行拆卸作业时，应加强指挥，并相互询问和协调作业步骤，严禁不按程序进行的任意拆卸。

四、因拆除上部或一侧的附墙拉结而使架子不稳时，应加设临时撑拉措施，以防因架子晃动而影响作业安全。

五、拆卸现场应有可靠的安全围护，并设专人看管，严禁非作业人员进入拆卸作业区内。

六、严禁将拆卸下的杆部件和材料向地面抛掷。已吊至地面的架设材料应随时运出拆卸区域,保持现场文明。

钢结构安装、装吊安全管理规定 FSAQGL008

一、一般要求:

(一)熟识和掌握装吊工一般知识及作业对象的操作技术和安全操作规程,并经培训教育考试合格,持有安全操作合格者,方可独立操作。

(二)检查作业场所的环境、安全设施等,确认符合有关安全规定,方可进行作业;作业时,按规定正确佩戴和使用劳动防护用品,如安全帽、安全带、手套、救生衣等。

(三)掌握和检查所使用工具、设备的性能,确认是否完好,方可使用。

(四)检查作业场所的电气设施是否符合安全用电规定,夜间作业是否有足够的照明和安全电压工作灯。

(五)尽量避开双层作业,确属无法避开时,应对下层采取隔离防护措施,确认完善可靠后,方可进行作业。

(六)在使用起重机械作业时,应严格遵守有关机械的安全操作规定,不得要求司机违章起吊。

(七)钢结构拼装遇到螺栓孔错位时,应用尖头工具校正孔位,严禁用手指头在孔内探摸,以防挤伤。

二、起重作业:

(一)起吊重物件时,应确认所起吊物件的实际重量,如不明确时,应经操作者或技术人员计算确定。

(二)拴挂吊具时,应按物件的重心确定拴挂吊具的位置;用两支点或交叉起吊时,吊钩处千斤绳、卡环、起重钢丝绳等,均应符合起重作业安全规定。

(三)吊具拴挂应牢靠,吊钩应封钩,以防在起吊过程中钢丝绳滑脱;捆扎有棱角或利口的物件时,钢丝绳与物件的接触处,应垫以麻袋、橡胶等物；起吊长、大物件时，应拴溜绳。

（四）起吊细长杆件的吊点位置，应经计算确定，凡沿长度方向重量均等的细长物件吊点拴挂位置可参照以下规定办理：

1. 单支点起吊时，吊点距被吊杆件一端全杆长的 0.3 倍处。

2. 双支点起吊时，吊点距被吊杆件端部的距离为 0.21 乘杆件全长。

3. 如选用单、双支点起吊，超过物件强度和刚度的允许值或不能保证起吊安全时，应由技术人员计算确定其起吊支点数和吊点位置。

（五）物件起吊时，先将物件提升离地面 10 ~ 20cm，经检查确认无异常现象时，方可继续提升。

（六）放置物件时，应缓慢下降，确认物件放置平稳牢靠，方可松钩，以免物件倾斜翻倒伤人。

（七）起吊物件时，作业人员不得在已受力索具附近停留，特别不能停留在受力索具的内侧。

（八）起重作业时，应由技术熟练、懂得起重机械性能的人担任指挥信号，指挥时应站在能够照顾到全面工作的地点，所发信号应实现统一，并做到准确、洪亮和清楚。

（九）起重作业时，司机应听从信号员的指挥，禁止其他人员与司机谈话或随意指挥，如发现起吊不良时，必须通过信号指挥员处理，有紧急情况除外。

（十）起吊物件时，起重臂回转所涉及区域内和重物的下方，严禁站人，不准靠近被吊物件和将头部伸进起吊物下方观察情况，也禁止站在起吊物件上。

（十一）起吊物件时，应保持垂直起吊，严禁用吊钩在倾斜的方向拖拉或斜吊物件，禁止吊拔埋在地下或地面上重量不明的物件。

（十二）起吊物件旋转时，应将工作物提升到距离所能遇到的障碍物 0.5m 以上为宜。

（十三）起吊物件应使用交互捻制交绕的钢丝绳，钢丝绳如有扭结、变形、断丝、锈蚀等异常现象，应及时降低使用标准或报废；卡环应使其长度方向受力，抽销卡环应预防销子滑脱，有缺陷的卡环严禁使用。

（十四）当使用设有大小钩的起重机时，大小钩不得同时各自起吊物件。

（十五）当用两台以上起重机同吊一物件时，事前应制定详细的技术措施，并交底，必须在施工负责人的统一指挥下进行，起重量分配应明确，不得超过单机允许重量的80%，起重时应密切配合，动作协调。

（十六）起重机在架空高压线路附近进行作业，其臂杆、钢丝绳、起吊物等与架空线路的最小距离不应小于规定距离，如不能保持这个距离，则必须停电或设置好隔离设施后，方可工作。如在雨天工作时，距离还应当加大。

三、高处作业：

（一）高处作业前，应系好安全带，穿好防滑软底鞋，扎紧袖口，衣着灵便；凡从事2m以上高处作业人员，须定期进行体检，凡不适合高处作业者，均不得从事高处作业。

（二）高处作业前，应检查作业点行走和站立处的脚手板、临空处的栏杆或安全网，易塌陷部位，上、下梯子，确认符合安全规定后，方可进行作业。

（三）作业过程中，如遇需搭设脚手板时，应搭设好后再作业；如工作需要临时拆除已搭好的脚手板或安全网，完工后应及时恢复。

（四）高处作业所用的料具，应用绳索捆扎牢靠，小型料具应装在工具袋内吊运，并摆放在牢靠处，以防坠落伤人，严禁抛掷。

（五）安放移动式的梯子，梯子与地面宜成60°~70°，梯子底部应设防滑装置。使用移动式的人字梯中间应设有防止张开的装置。

（六）搭设悬挂的梯子，其悬挂点和捆扎应牢固可靠，使用时应有人定期检查，发现异常及时处理。

（七）如必须站在移动梯子上操作时，应离梯子顶端不少于1m，禁止站在梯子最高一层上作业，站立位置距离基准面应在2m以下。

（八）禁止在万能杆件构架上攀登，严禁利用吊机、提升爬斗等吊送人员。

（九）严禁在尚未固定牢靠的脚手架和不稳定的结构上行走和作业，

以及在平联杆件和构架的平面杆件上行走，特殊情况下必须通过时，应以骑马式的方式向前通行。

（十）安全带应挂在作业人员上方的牢靠处，流动作业时随摘随挂。

（十一）施工区域的风力达到六级（包括六级）以上时，应停止高处和起重作业。

（十二）在易断裂的工作面作业时，应先搭好脚手板，站在脚手板上作业，严禁直接踩在作业面上操作。

（十三）禁止沿钢结构横梁行走，下架时应从安全爬梯下去，严禁顺立柱槽钢往下滑。

四、工地搬运作业：

（一）搬运物件时，行走姿势要正确，两腿要摆开，单人负重不得超过80kg；多人抬运长、大物件时，步伐应协调，负重要均匀，每人负重不得超过50kg。

（二）使用的抬杠和绳索，必须质量良好，无横节疤、裂纹、腐朽等。

（三）搬运氧气瓶等压力容器时，严禁用肩扛，应两人抬，并轻抬轻放，切勿放在靠近油脂或烟火的地点。

（四）采用胶轮平板车推运料具时，严禁溜放，推行姿势应正确，速度不宜过快，小车间隔距离：平道宜在2m以上，坡道应在10m以上，不得在两台车之间穿行。

（五）采用托板、滚杠拖拉机械设备时，所经过的道路应平整、坚实；托板和滚杠应安置妥当；拖拉时，作业人员应站离拖绳一定的距离，手脚不应放在滚杠的附近，以防被滚杠辗伤。

五、起重工具：

（一）根据起重量和施工安全要求选用千斤顶，使用前应了解其性能和操作方法，经试顶确认良好，方可使用。

（二）千斤顶应安放在有足够承载能力而又稳定的地面或建筑物上；上、下接触面之间，应垫以木板或麻袋等防滑材料。

（三）千斤顶的放置，应对正被顶物件的中心位置，当同时使用两台以上的千斤顶进行操作时，不得超过允许承载能力的80%，须使各台千斤顶受力的合力作用线与被顶工作物中心吻合，以防千斤顶负重后发生倾斜。

（四）千斤顶安置好后，应将物件稍微顶起，确认无异常时，方可继续起顶。

（五）千斤顶工作时，不得超过额定高度，随着物件的升高而逐步增加支承垫块，物件下降时，应边落边抽出支承垫块，严禁一次抽出多块；垫块每次加抽不宜超过 2～3cm，千斤顶每次起落完毕后，应立即旋紧保险箍。

（六）千斤顶起落时，必须缓慢地进行；几台千斤顶同时起落时，必须保持同步均匀起落，不可一个快一个慢。

（七）当起顶又长又高的工作物件时，应在两端交替起落，即一端垫实和两侧支承牢靠后，在另一端起落；严禁两端同时起落，以防顶翻工作物而发生事故。

（八）千斤顶工作时，应由专人观察压力表的工作情况。如发现压力值突然增大时，要立即停止作业，待查明原因，处理好后方可继续作业。

（九）卷扬机安装应牢固平稳，方向正确，并符合设计；如底部用螺栓或电焊连接时，螺栓应上足拧紧，电焊质量应良好，采用地垄等方式固定卷扬机时，地垄受的拉力要有符合规定的安全系数，并捆扎牢靠，方向顺直；使用时须严格执行《卷扬机安全操作规程》的规定。

（十）用电动卷扬机起重时，应指定司机和信号员（指装吊工操作的卷扬机），并经安全技术和安全操作培训，方可上岗操作，但不得随意更换司机和信号员。

（十一）卷扬机的钢丝绳"打梢"时，宜使用链条或钢丝绳，应按规定打好扣或上紧夹头，"打梢"人员必须站在钢丝绳余段的外边，距卷筒 1m 以上为宜。

（十二）卷扬机卷筒上的钢丝绳，应依次靠近，排列整齐，留在卷筒上的钢丝绳不得少于 3 圈，卷扬机卷绕钢丝绳时，不得用手引导，严禁人员在绳旁停留或跨越正在工作的钢丝绳。

（十三）滑车、吊钩应根据起重量选用，无重量标志的滑车、吊钩应经计算或试验确定，并要符合规定的安全系数。

（十四）滑车、吊钩使用前，应检查轮轴、钩环、撑架、轮槽、拉板、吊钩等有无裂纹或损伤，配件是否齐全，转动部分是否灵活，确认完好方可使用，吊钩如有永久裂纹或变形时，应当更换。

（十五）滑车、吊钩固定的位置应牢固可靠，方向正确，吊具拴挂好后应封钩。

（十六）在使用两轮以上的滑车时，滑轮间的几根钢丝绳必须彼此平行，不得有扭转的情况，钢丝绳进出滑车的两面要做明显标记，便于观察滑轮的转动方向和转速的情况，以防各滑轮的转动方向不一致，造成绳子扭转，磨损钢丝绳和消耗拉力。

（十七）起吊物件时，待物件提高 10～20cm 暂停起吊，检查滑车、钢丝绳是否塞牙、跳槽等，确认无异常，方可继续起吊。

（十八）应根据物件的重量选用倒链滑车，使用前应检查轮轴、吊钩、链条、大小滑轮等是否良好，转动部分是否灵活，确认完好，方可使用。

（十九）倒链滑车拴挂点应兼顾，并捆扎牢靠，吊钩应封钩，起吊物件时，应先缓慢收紧吊具，待物件稍离地面并经检查确认无异常，方可继续起吊。

（二十）用倒链滑车起吊物件时，操作人员应站在适当的位置，脚不得伸入被吊物件垂直下方，严禁将头伸入被吊物件的下方观察情况。

（二十一）不得用倒链滑车吊钩斜拉、斜吊物件，也不得起吊重量不明的物件。

（二十二）绑扎扒杆所用的木料，应根据起重量大小选用，事先要详细检查，如有大的木节、伤痕、木纹扭曲等不得使用；一般情况下圆木大小的直径以 20～25cm 为宜。

（二十三）人字扒杆顶端交叉处根据起重量不同要求，用符合规格的钢丝绳捆绑牢靠；扒杆下部系以绊脚绳，并用木楔垫平扒杆脚，扒杆上应每隔 30～40cm 钉以木条或绊脚绳，便于作业人员上、下。

（二十四）扒杆使用前应按规定进行试吊，确认扒杆、地垄、缆风绳、卷扬机等无异常，方可使用。

（二十五）人字扒杆顶端，应拴好缆风绳，缆风绳应成 45°～60° 角，如吊重量较大时，可在后缆风绳中间加一副滑车组，用以调整扒杆的前倾角度。

（二十六）钢丝绳、卡环的使用，按出厂的规格说明书，无规格说明书的钢丝绳，应做拉力强度试验确定合格，方可使用。

（二十七）根据起吊物件的重量选用钢丝绳和卡环，使用前宜经计算决定。钢丝绳的允许承载力可用下面的简单公式来确定：

钢丝绳的允许承载力 = 直径（mm）× 直径（mm）×4.5（kg）

（二十八）钢丝绳的报废断丝标准和磨损，应符合规定要求，起吊重的结构或重大部件时，宜使用新钢丝绳。

（二十九）钢丝绳在编结成绳套时，编结部分的长度不得小于该绳直径的 1.5 倍且不得短于 30cm，用绳卡连接时，必须选择与钢丝绳直径相匹配的卡子，卡子数量和间隔距离，应根据不同钢丝绳直径按规定使用。

（三十）钢丝绳禁止与带电的金属（包括电线、电焊钳）相碰，以防烧断。

施工现场消防安全管理规定 FSAQGL009

重点施工作业区、办公区、仓库、生活区等要排查整改监督。

一、建筑施工现场的防火管理内容：

（一）施工单位必须按照已经批准的设计图纸和施工方案组织施工，有关防火安全措施不得擅自改动。

（二）凡有建筑自动消防设施的建筑工程，在工程竣工后，施工安装单位必须委托具备资格的建筑消防设施检测单位进行技术测试，取得建筑消防设施技术测试报告。

（三）建立、健全建筑工地的安全防火责任制度，贯彻执行现行的工地防火规章制度。建筑施工现场的管理人员要加强法制观念。每个工地都要有防火领导小组，各项安全防火规章和制度要书写上墙。

（四）要加强现场的安全保卫工作；周边围墙高度不得低于1.8~2.4m，较大工程要设专职保安人员；禁止非工作人员进入施工现场，公事人员进入现场要登记，有人接待，并告知工地的防火制度；节假日期间值班人员应当昼夜巡逻。

（五）建筑工地要认真执行"三清、五好"管理制度；尤其对木制品的刨花、锯末、料头、防火油毡纸头、沥青，冬期施工的草袋子、稻壳子、苇席子等保温材料要随干随清，做到工完场清；各类材料都要码放成垛，堆放整齐。

（六）临时工、合同工等各类新工人进入场地，都要进行防火安全教育和防火知识的学习；经考核合格后方能上岗工作。

（七）建筑工地都必须制定防火安全措施，并及时向有关人员、作业班组交底落实。

（八）做好生产、生活用火的管理。

二、建筑工程是一个多工种和立体交叉混合作业的施工现场。在施工现场中若干工种的施工作业，都应当注意防火安全。

（一）气焊作业：

1.操作人员持证上岗、正确穿戴防护用品。

2.严格执行动火审批制，设监护人，合理配备灭火器，清理周边易燃易爆物品。

3.氧气瓶、乙炔瓶设防震圈（夏季高温要有防曝晒措施），乙炔瓶必须设置回火阀，立方靠牢。

（二）电焊作业：

1.操作人员持证上岗、正确穿戴防护用品。

2.严格执行动火审批制，设监护人，合理配备灭火器，清理周边易燃易爆物品。

3.设置专用开关箱，漏电保护器匹配合理，灵敏可靠，设置二次空载降压保护器。

4.电焊机外壳有可靠保护零线，接线柱设防护、电焊机一次侧电源线长度不应大于5m，二次线不应大于30m，焊钳与把线必须绝缘良好，连接牢固。

5. 焊接作业严格执行"十不烧"规定。

（三）电渣压力焊作业：

1. 操作人员持证上岗、正确穿戴防护用品。

2. 严格执行动火审批制，设监护人，合理配备灭火器，清理周边易燃易爆物品。

3. 紧邻外加边作业时，必须采取有效隔离措施（可采用彩钢瓦等材料隔离），防止火灾事故发生。

（四）建筑电工防火安全要求：

1. 预防短路措施：临时线路都必须使用护套线，导线绝缘必须符合电路电压要求，导线与导线、导线与墙壁和顶棚之间的距离，线路上要安装合适的熔断丝和漏电断路器。

2. 预防过负荷造成火灾措施。

3. 预防电火花和电弧的产生。

（五）建筑木工、油漆工、建筑防腐作业防火安全要符合要求。

三、施工现场仓库防火：

（一）仓库常用易燃材料的储存防火要求：

石灰（要用砖砌筑房间，石灰表面不得存放易燃物，且要有良好的通风条件）；混凝土外加剂（严禁和易燃物混放，远离明火和高温，设置灭火器或砂）；防腐材料（环氧树脂等严禁吸烟，防止暴晒）；油漆稀释剂（汽油、松香水等）。

（二）易燃易爆物品贮存注意事项：

仓库距离道路高压线距离不得小于25m，材料归堆的面积不得过大，堆与堆的通道间距至少3m，易燃露天仓库的四周应有不小于6m的平坦空地作为消防通道，通道禁止堆放障碍物，有明火的生产辅助区和生活用房与易燃堆垛之间至少应保持30m的防火间距，有飞火的烟囱应布置在仓库的下风地带；在建筑物内不得存放易燃易爆物品，尤其是木工加工区不得设在建筑物内；仓库保管员应当熟悉储存物品的分类、性质、保管业务知识和防火安全制度，掌握消防器材的操作使用和维护养护方法，做好本岗位的防火工作。

（三）易燃物品的装卸管理：

1. 物品入库前应当有专人负责检查，确定无火种等隐患后，方可装卸物品。

2. 拖拉机严禁进入仓库、堆料场进行装卸作业，其他车辆进入时要安装符合要求的火星熄灭防火罩。

3. 在仓库或堆料场进行吊装作业时要严防产生火星，引起火灾。

4. 装过化学危险品的车，必须清洗干净后方能装运易燃和可燃物品。

5. 装卸作业结束后，应当对库区、库房进行检查，确认安全后方可离人。

四、生活、办公区防火要求：

（一）严禁使用电炉取暖、做饭、浇水，严禁使用碘钨灯照明，宿舍、休息室内严禁在床上吸烟。

（二）严禁乱拉电线，冬季严禁使用火炉取暖。

（三）施工现场禁止搭设易燃临建和防晒棚，严禁冬季用易燃材料保温。

（四）不得阻塞消防道路，消防栓周围 3m 不得堆放材料和其他物品，严禁随意动用或操作各种消防器材，严禁损坏各种消防设施、标志牌等。

（五）现场消防立管必须定专用高压泵、专用电线，室内消防立管不得接生产、生活用水管头。

五、吸烟管理制度：

（一）施工现场严禁吸烟。

（二）吸烟者必须到允许吸烟的办公室或指定的吸烟室吸烟，允许吸烟办公室要设置烟灰缸，吸烟室设置存放烟头、烟灰和火柴棍的用具。

（三）在宿舍或休息室内，不准在床上吸烟，烟灰、火柴棍不得随地乱扔，严禁在木料堆放地、窨井、木工棚、材料库、电气车间、油漆库等部位吸烟。

人机配合安全管理规定　FSAQGL010

一、配合起重吊装作业应遵守下列规定：

（一）作业人员必须经过培训持证上岗，作业时，必须服从信号工指挥；吊装前必须撤到吊臂回转范围以外。

（二）给易滚、易滑吊物挡掩时，必须待吊物落稳、信号工指示后方可上前作业。

二、配合挖土机等机械作业时，严禁进入铲斗回转范围，必须待挖掘机停止作业后方可进入铲斗回转范围内清槽。

三、配合推土机等机械作业时，必须与驾驶员协调配合；作业人员应站在机械运行前方10m或侧面3.5m以外；机械运行中，严禁上下机械。

四、配合汽车运输、装卸作业时必须服从指挥，装卸物料应轻搬稳放，不得蛮干、乱扔；物料需捆绑牢固；作业人员要自上而下按物件顺序卸车，不得任意敲撞抽取卡位铁销；完成指定作业后，应站在车辆的侧面；汽车启动后严禁攀登车辆。

五、指挥推土机、压路机、挖掘机、平地机等施工机械转移应遵守下列规定：

（一）必须先检查道路，排除地面及空中障碍，并做好井、坑等危险部位的安全防护。

（二）行进中必须疏导交通；需通过便桥时，必须经施工技术负责人批准，确认安全后方可通过；穿行社会道路时必须遵守交通法规。

（三）作业人员不得倒退行走。

（四）转移中需要在道路上垫木板等物时，必须与驾驶员协调配合，待垫物放稳、人员离开后，方可指挥机械通过。

（五）清扫压路机前方路面时，应与压路机保持10m以上的安全距离。

临时设施管理规定　FSAQGL011

一、有效利用场地的使用空间，遵循标准化图集的要求，对施工机械、生产生活临建、材料堆场等进行最优化的布置，满足安全生产、文明施工、方便生活和环境保护的要求。

二、科学规划现场施工道路和出入口，以利于车辆、机械设备的进出场和物资的运输，并尽可能地减少对周边环境的影响。

三、对施工区域和周边的各种公用设施、树木等加以保护。

四、临建围墙、临建大门、临时道路、临时加工场地、临时供水设施尽量采用现场施工材料。

五、临时供电设施（临时电缆、临时配电箱）按照《施工现场临时用电安全技术规范》JGJ 46—2005 和《临时用电方案》布置。

六、采购临时设施材料，应按材料员职责、公司材料供应单位管理制度及时了解市场商品信息，选择对口适用，正规厂家生产的质量可靠、价格合理的材料，不允许购买三无产品。

七、材料进场后项目技术负责人组织技术人员、质量人员对进场的临时设施材料质量进行进货检验，质量不合格的不得使用。

八、采购装配式活动板房时，严禁购买和使用不符合地方临建标准或无生产厂家、无产品合格证书的装配式活动板房；生产厂家制造生产的装配式活动板房必须有设计构造图、计算书、安装拆除使用说明书等并符合有关节能、安全技术标准。

九、在选择装配式活动板房的供应商时，必须明确该供应商对产品的设计、制作、运输、安装、保修、拆除责任。

十、临时住房可酌情租用现场附近的居民楼或其他住房，租住原则为：租赁价格合理，方便工作，租房距离现场应在 3km 以内；租房数量根据项目部管理人员数量合理确定，不得造成房屋长期闲置；在项目收尾阶段根据人员逐渐减少的实际情况，及时调节租房数量避免造成空置浪费；与房主签订租赁协议；项目竣工后，及时退出租用房屋。

十一、临时设施搭设：

（一）项目应根据施工总平面图以及业主的其他要求搭建临时设施；临时办公和住宿用房必须考虑与正式建筑高处作业坠落半径和炸药库的安全距离；临时设施搭建必须符合标准化要求；临时设施搭设

前，项目部将临时设施平面坐标图报业主同意后开始搭设；避免与工程用地重复，造成临时设施反复拆除、搭设。

（二）项目若采用装配式活动板房作为现场宿舍、办公室时不得超过两层，各种标识、标志必须符合公司标准图集要求，并满足安全、耐火等级、卫生、保温、通风等要求。装配式活动板房搭设前需报送《装配式活动板房搭设方案》、材料检测报告等资料进行审查，合格后方能由供应单位搭设；严禁选用不具备资质的施工队伍搭设。

（三）临时宿舍室内高度不得低于 2.6m，实行单人单床；每间房屋居住人数不得超过 16 人，人均居住面积不得少于 $2m^2$，严禁使用通铺。

十二、临时设施验收：

（一）可根据临时设施维修保养情况、安全隐患情况，发现问题及时纠正，确保临时设施的安全使用。

（二）项目部安全员经常检查临时供电设施的完好性，确保供电设施正常使用。施工现场临时用电，具体执行《施工现场临时用电安全技术规范》JGJ 46—2005。

（三）项目部安全员每月检查临时供水设施的完好性，确保供水管线正常使用；施工现场供水设施未经项目部管理人员同意不准随意接出支管，在保证施工用水、生活用水的前提下节约用水。

（四）项目部安全员每月检查临建围墙、大门、施工标识牌的完好性。

（五）加强现场临建的安全、防盗管理，严防各种设施的损坏和丢失；项目部安全员在检查中发现安全隐患，及时下发整改通知书，责成专人限期整改。

（六）安全科每月对项目部现场临建设施进行检查；内容包含：项目部临时设施是否符合安全使用要求、日常维护管理情况等；不符合要求，责成项目部限期整改。

（七）安全科每月对项目部临时用电设施进行安全检查；不符合《施工现场临时用电安全技术规范》JGJ 46—2005 和公司标准化施工要求，责成项目部限期整改。

十三、临时设施日常使用管理：

（一）项目部对现场每个临时设施要设专人负责日常维护、保养，并加强对使用人员的科学使用及自觉爱护临时设施教育，保证临时设施安全、有效、合理的使用。

（二）临时房屋使用维护：

实行谁使用、谁管理完整。

（三）临建办公室、宿舍管理维护包括：

1. 防盗设施（门窗的完好性、防盗性能）。

2. 防风设施（防风缆绳的完好性、特别是二层装配式活动板房）。

3. 防雨设施（屋面防雨层的完好性）。

4. 用电线路的完好性，确保用电安全。

5. 消防设施的完好性。

6. 环境卫生（临建办公室、宿舍每天安排值日打扫卫生，确保环境卫生符合标准要求）。

7. 冬期施工现场宿舍一律不得使用明火、碘钨灯、其他大功率电器取暖。

（四）现场临建食堂必须符合安全使用要求、消防要求、卫生要求、环保要求。

（五）临建厕所必须设专人管理，及时冲刷清理、喷洒药物消毒、消灭蚊蝇。

（六）临时道路上不得随意堆放各种物质、无故设置障碍、无故切断路面而影响施工现场工作。

十四、临时设施拆除：

（一）项目竣工后，项目部负责对现场搭设的临时设施统一处置，认真统计、核对各种设施保存情况，对可重复利用的临时设施，必须使用保护性拆除。

（二）任何个人不得私自处理项目部的临时设施。

（三）装配式活动板房应由原供应单位保护性拆除；拆除前由供应单位报送《装配式活动板房拆除方案》进行审查，批准后方能拆除；项目经理、安全员监测活动板房拆除过程，确保拆除施工安全；装配式活动房屋周转不得少于三次，时间不得少于 3 年。

（四）地下临时供水线路拆除后，可重复利用的材料，由项目部收集保存。

（五）项目部安全员组织拆除临时供电电缆，测试绝缘电阻、合格的电缆，准备其他项目使用；临时电缆周转不大于三次；保护性拆除临时配电箱，检查后符合安全使用要求的，由项目部收集保存；临时配电箱周转不大于三次，时间不得大于 3 年。

（六）其他不可重复利用的成品临时设施（如临时围墙、临建大门、临时标识牌等），由项目部组织将其拆成可重复利用的材料，尽量重复利用。

（七）临时设施拆除的废料部分，由项目部按公司要求集中处理。任何人不得私自处理。

人工拆除工程安全管理规定 FSAQGL012

一、拆除工程在施工前班组（队）必须组织学习专项拆除工程安全施工组织设计或安全技术措施交底；无安全技术措施的不得盲目进行拆除作业。

二、拆除作业前必须先将电线、上水、煤气管道、热力设备等干线与该拆除建筑物的支线切断或者迁移。

三、拆除构筑物，应自上而下顺序进行，当拆除某一部分的时候，必须有防止另一部分发生坍塌的安全措施。

四、拆除作业区应设置危险区域进行围挡，负责警戒的人员应坚守岗位，非作业人员禁止进入作业区。

五、拆除建筑物的栏杆、楼梯和楼板等，必须与整体拆除工程相配合，不得先行拆掉；建筑物的承重支柱和梁，要等待它所承担的全部结构拆掉后才可以拆除。

六、拆除建筑物不得采用推倒或拉倒的方法，遇有特殊情况，必须报请领导同意，拟订安全技术措施，并遵守下列规定：

（一）砍切墙根的深度不能超过墙厚的1/3。墙厚度小于两块半砖的时候，严禁砍切墙根掏掘。

（二）为防止墙壁向掏掘方向倾倒，在掏掘前，必须用支撑撑牢。在推倒前，必须发出信号，服从指挥，待全体人员避至安全地带后，方准进行。

七、高处进行拆除工程，要设置溜放槽，以便散碎废料顺槽溜下；较大或沉重的材料，要用绳或起重机械及时吊下运走，严禁向下抛掷；拆除的各种材料及时清理，分别码放在指定地点。

八、清理楼层施工垃圾，必须从垃圾溜放槽溜下或采用容器运下，严禁从窗口等处抛扔。

九、清理楼层时，必须注意孔洞，遇有地面上铺有盖板，挪动时不得猛掀，可采用拉开或人抬挪开。

十、现场的各类电气、机械设备和各种安全防护设施，如安全网、护身栏等，严禁乱动。

一般安全要求

十一、拆除工程施工区应设置硬质围挡，围挡高度不得低于1.8m，非施工人员不得进入施工区；当临街的被拆除建筑与交通道路的安全距离不能满足要求时，必须采取相应的安全隔离措施。

十二、应检查建筑内各类管线情况，确认全部切断后方可施工；在拆除工程作业中，发现不明物体应停止施工，采取相应的应急措施，保护现场并应及时向有关部门报告。

十三、拆除施工采用的脚手架、安全网，必须由专业人员搭设；由有关人员验收合格后，方可使用。拆除施工严禁立体交叉作业；水平作业时，各工位间应有一定的安全距离。

十四、安全防护设施验收时，应按类别逐项查验，并应有验收记录。

十五、作业人员必须配备相应的劳动保护用品，并应正确使用。施工场所设置相关的安全标志。

人工拆除

十六、当采用手动工具进行人工拆除建筑时，施工程序应从上至下，分层拆除，作业人员应在脚手架或稳固的结构上操作，被拆除的构件应有安全的放置场所。

十七、拆除施工应分阶段进行，不得垂直交叉作业；作业面的孔洞应封闭

十八、人工拆除建筑墙体时，不得采用掏掘或推倒的方法；楼板上严禁多人聚集或堆放材料。

十九、拆除建筑的栏杆、楼梯、楼板等构件，应与建筑结构整体拆除进度相配合，不得先行拆除；建筑的承重梁、柱，应在其所承载的全部构件拆除后，再进行拆除。

二十、拆除横梁时，应确保其下落有效控制时，方可切断两端的钢筋，逐端缓慢放下。

二十一、拆除柱子时，应沿柱子底部剔凿出钢筋，使用手动倒链定向牵引，采用气焊切割柱子三面钢筋，保留牵引方向正面的钢筋。

二十二、拆除管道及容器时，必须查清其残留物的种类、化学性质，采取相应措施后，方可进行拆除施工。

二十三、楼层内的施工垃圾，应采用封闭的垃圾道或垃圾袋运下，不得向下抛掷。

二十四、抡大锤操作人员要戴护手工具，相互配合，精力集中，不得戏耍开玩笑。

机械拆除

二十五、当采用机械拆除建筑时，应从上至下、逐层、逐段进行；应先拆除非承重结构，再拆除承重结构；对只进行部分拆除的建筑，必须先将保留部分加固，再进行分离拆除。

二十六、施工中必须由专人负责监测被拆除建筑的结构状态，并应做好记录；当发现有不稳定状态的趋势时，必须停止作业，采取有效措施，消除隐患。

二十七、机械拆除时，严禁超载作业或任意扩大使用范围，供机械设备使用的场所必须保证足够的承载力；作业中不得同时回转、行走。机械不得带故障运转。

二十八、当进行高处拆除作业时，对较大尺寸的构件或沉重的材料，必须采用起重机具及时吊下；拆卸下来的各种材料应及时清理，分类堆放在指定场所，严禁向下抛掷。

二十九、拆除框架结构建筑，必须按楼板、次梁、主梁、柱子的顺序进行施工。

三十、桥梁、钢屋架拆除应符合下列规定：

（一）先拆除桥面的附属设施及挂件、护栏。

（二）按照施工组织设计选定的机械设备及吊装方案进行施工。不得超负荷作业。

（三）采用双机抬吊作业时，每台起重机载荷不得超过允许载荷的80%，且应对第一吊进行试吊作业，作业过程中必须保持两台起重机同步作业。

（四）拆除吊装作业的起重机司机，必须严格执行操作规程。信号指挥人员必须按照现行国家标准《起重吊运指挥信号》GB 5082 的规定作业

（五）拆除钢屋架时，必须采用绳索将其拴牢，待起重机吊稳后，方可进行气焊切割作业；吊运过程中，应采用辅助绳索控制被吊物处于正常状态；作业人员使用机具时，严禁超负荷使用或带故障运转。

爆破拆除

三十一、爆破拆除工程应根据周围环境条件、拆除对象类别、爆破规模，并应按照国家现行国家标准《爆破安全规程》分为 A、B、C 三级；爆破拆除工程设计必须经当地有关部门审核，做出安全评估批准后方可实施。

三十二、从事爆破拆除工程的项目经理部，必须持有所在地有关部门核发的《爆炸物品使用许可证》，承担相应等级或低于企业级别的爆破拆除工程；爆破拆除设计人员应具有承担爆破拆除作业范围和相应级别的爆破工程技术人员作业证；从事爆破拆除施工的作业人员应持证上岗。

三十三、爆破拆除需采用的爆破器材，必须向当地有关部门申请

《爆破物品购买证》，到指定的供应点购买；严禁赠送、转让、转卖、转借爆破器材。

三十四、运输爆破器材时，必须向所在地有关部门申请领取《爆破物品运输证》；应按照规定路线运输，并应派专人押送。

三十五、爆破器材临时保管地点，必须经当地有关部门批准；严禁同室保管与爆破器材无关的物品。

三十六、爆破预拆除施工应确保建筑安全和稳定；预拆除施工可采用机械和人工方法拆除非承重的墙体或不影响结构稳定的构件。

三十七、爆破时应限制一次同时爆破的用药量；建筑爆破拆除施工时，应对爆破部位进行覆盖和遮挡防护，覆盖材料和遮挡设施应牢固可靠。

三十八、爆破拆除应采用电力起爆网路和非电导爆管起爆网路。必须采用爆破专用仪表检查起爆网路电阻和起爆电源功率，并应满足设计要求；非电导爆管起爆应采用复式交叉封闭网路；爆破拆除工程不得采用导爆索网路或导火索起爆方法。

三十九、装药前，应对爆破器材进行性能检测；试验爆破和起爆网路模拟试验应选择安全部位和场所进行。

四十、爆破拆除工程实施应在当地政府主管部门领导下成立爆破指挥部，并应按设计确定的安全距离设置警戒。

静力破碎拆除

四十一、采用静力破碎作业时，灌浆人员必须戴防护手套和防护眼镜；孔内注入破碎剂后，严禁人员在注孔区行走，并应保持一定的安全距离。

四十二、静力破碎剂严禁与其他材料混放。

四十三、在相邻的两孔之间，严禁钻孔与注入破碎剂施工同步进行。

四十四、拆除地下构筑物时，应了解地下构筑物情况，切断进入构筑物的管线。

四十五、建筑基础破碎拆除时，挖出的土方应及时运出现场或清离工作面，在基坑边沿 1m 内严禁堆放物料。

四十六、破碎时发生异常情况，必须停止作业；查清原因并采取相应措施后，方可继续施工。

高空作业安全管理规定　FSAQGL013

一、凡在坠落高度基准面 2m 和 2m 以上有可能坠落的高处进行作业，均称为高处作业。

二、凡经医生诊断，患高血压、心脏病、贫血、精神病，以及其他不适于高处作业病症状的人员，不得从事高处作业。

三、高处作业使用的脚手架上，应铺设固定脚手板和 1 ~ 1.2m 高的护身栏杆；端头大于 300cm 的脚手板要用铁丝及时固定，防止形成探头板。

四、高处作业下面或附近有煤气、烟尘及其他有害气体必须采取排除或隔离等措施，否则不得施工。

五、从事高处作业，必须系好并挂好安全带、戴好安全帽和穿软底鞋，不准穿塑料底和带钉子的硬底鞋。

六、在坝顶、陡坡、屋顶、悬崖、杆塔、吊桥、脚手架以及其他危险边沿进行悬空高处作业时，临空一面必须搭设安全网或防护栏杆；工作人员必须拴好安全带，戴好安全帽。

七、安全网必须随着建筑物升高而提高，安全网距离工作面的最大高度不超过 3m；安全网搭设外侧比内侧高 0.5m，长面拉直拴牢在固定的架子或固定环上。

八、在带电体附近进行高处作业时，距带电体的最小安全距离，必须满足下表的规定，如遇特殊情况，则必须采取可靠的安全措施。

项目带电体的电压等级（kV）	≤ 10	20 ~ 35	44	60 ~ 110	154	220	330
工具器、安装构件、接地线等与带电体距离（m）	2.0	3.5	3.5	4.0	5.0	5.0	6.0
作业人员的活动范围与带电体距离（m）	1.7	2.0	2.2	2.5	3.0	4.0	5.0
整体组立杆塔与带电体距离（m）	应大于倒杆距离（自杆塔边缘到带电体最近侧为塔高）						

九、高处作业使用的工具材料等，不准放在临边缘处。严禁使用抛掷方法传送工具材料；小型材料或工具应该放在工具箱或工具袋内。

十、在 3m 以下高度进行工作时，可使用牢固的梯子或高凳，禁止站在不牢固的物件（如箱子、铁桶、砖堆等物）上进行工作。

十一、高处作业下方，应设置警戒线，并派人警戒，严禁人员通行或工作；否则，必须采取可靠的安全措施，以免掉物伤人。

十二、高处作业人员，精神要集中，不得打闹，不得麻痹大意，防止坠落。

十三、高处作业前，应检查架子、脚手板、马道、靠梯和防护设施等，应符合安全要求，无可靠立足点，不得迁就使用。

十四、高处作业严禁烤火取暖，使用喷灯、气焊注意火焰不要靠近脚手架或其他易燃物，焊接作业的下方或附近，严禁有易燃、易爆物品，并备有消防器材和专人看管。

十五、高处作业人员使用电梯、吊篮、升降机等设备垂直上下时，必须装有灵敏、可靠的控制器、限位器等安全装置。

十六、雪天高处作业，必须及时将各走道、脚手板等处霜、雪、冰清除干净并采取防滑措施，否则不得施工。

十七、高处不允许上下垂直交叉作业，高处作业使用的材料应随用随吊，用后及时清理，在脚手架或其他物架上，临时堆放物品严禁超过允许负荷。

十八、上下脚手架、攀登高层构筑物，应走斜马道或梯子，不得沿绳、立杆或栏杆攀爬。

十九、高处作业时，不得在平台、阳台、孔洞、井口边缘，不得骑坐在脚手架栏杆、躺在脚手板上或安全网内休息，不得站在栏杆外的探头板上工作和凭借栏杆起吊物件。

二十、特级高处作业，应与地面设联系信号或通信装置，并应有专人负责。

二十一、在石棉瓦、木板条等轻型或简易结构上施工及进行修补、拆装工作等，必须拴安全带或采取可靠的防护措施，防止滑倒、踩空或因材料折断而坠落伤人。

二十二、在电杆上进行悬空高处作业前，应检查电杆埋设是否牢固，强度是否足够，并应选合适杆型的脚扣，系好合格的安全带，严禁用麻绳等代替安全带登杆作业；在构架及电杆上作业时，地面应有人监护、联络。

二十三、高处作业周围的沟道、孔洞井口等，应用固定盖板盖牢或设围栏。

二十四、遇有六级以上的大风，没有特别可靠的安全措施，禁止从事高处作业。

二十五、进行三级、特级和悬空高处作业时，必须事先制定安全技术措施；施工前，应向所有施工人员进行技术交底；否则，不得施工。

悬挑式卸料平台安全管理规定 FSAQGL014

一、卸料平台采用型钢制作，各个节点应采用焊接连接，制作成刚性框架结构，用钢丝绳组与建筑结构可靠拉结。

二、卸料平台施工前应编制专项施工方案，方案必须严格执行公司的报批审核制度；专职安全管理人员应该严格执行报批审核通过后的方案，对制作、搭设、使用和拆卸等环节严格检查和监督实施。

三、卸料平台专项施工方案应包括平面布置图、卸料平台与建筑物连接及支撑等构造详图、荷载取值、使用要求、平台搭设、维护及拆卸等安全技术措施。

四、卸料平台设计计算按"悬挑式卸料平台计算书"（略）进行。

五、卸料平台必须单独设置，不得与脚手架和施工设备相连，在同一垂直面上不得上下同时设置。

六、卸料平台的搁置点和上部拉结点必须位于混凝土结构上，伸入梁板长度应不小于1.5m，用两道预埋U形螺栓与压板（200×100×10）采用双螺母固定，两道螺栓间距200mm；螺杆露出螺母应不少于3丝，螺杆采用20圆。

七、卸料平台宽度应在 2～2.4m 之间，平台周围应按临边防护要求设置 1.2m 高防护栏杆，并用 3mm 厚钢板密封，焊接牢固，栏板应能承受 1kN/m 的侧向力；平台底采用 3mm 厚花纹钢板满铺，焊接牢固并有防滑措施；钢平台制作完成后应刷黄黑相间的安全色。

八、卸料平台四角应设置四只吊装环，以满足安装拆卸的要求；安装后平台面应微微上翘，保证荷载完全由钢丝绳承受，钢丝绳应采用花篮螺栓调节松紧，并保证两侧钢丝绳长度相等；钢丝绳每边必须设前后两道，不得拉在同一拉结点上；拉结点和悬挑梁支点间高度应大于 2.8m。

九、卸料平台采用的槽钢、钢管、铁板、钢丝绳等材料材质性能应符合现行国家标准、规范要求。

十、在卸料平台的明显处应设置安全警告标志牌，标明使用要求和限载重量。限载重量应小于 1020kg。

十一、卸料平台安装完毕后，应由项目经理组织相关人员检查验收，合格后报监理等相关部门对其进行复查验收，复查验收通过后方可使用。

十二、卸料平台使用中应有专人检查，建立定期检查制度，对水平杆与建筑物的连接、上拉钢丝绳与梁连接等部位及防护栏杆、警示标牌的完好性等进行检查。

十三、卸料平台换层时，应对卸料平台完好性进行检查，按专项方案及安全操作规程要求进行操作，作业人员进行安全技术交底，项目安全员现场监督。

十四、卸料平台搭设、拆卸时，应设置警戒区，禁止无关人员进入施工现场；夜间或遇六级以上大风及雷雨天气，不得进行搭设与拆卸。

十五、卸料平台安装、施工作业时严禁超过 2 人以上人员同时登台施工作业。

移动式脚手架安全管理规定 FSAQGL015

移动脚手架又叫门式脚手架、快装脚手架等。

一、脚手架的一般规定：

（一）脚手架应由持有特种作业证的工人，按批准后的施工方案和措施搭设；经施工和使用部门验收合格后，挂上标牌，方可使用。

（二）脚手架的两端。转角处每隔 6 ~ 7 根立杆处应设置支杆和剪刀撑；支杆和剪刀撑与地面的夹角不得大于 60°。

（三）脚手架高度在 7m 以上及无法设置支杆时，竖向每隔 4m，横向每隔 7m 必须与建、构筑物牢固连接；脚手架的外端与顶部应与建（构）筑物多加几处牢固的连接点。

（四）脚手架的外侧、斜道两侧、平台的周边应设置 1.05m 高的栏杆和 18cm 高的挡脚板或设置安全网；脚手架必须设置可供作业人员上下的垂直爬梯和斜道，斜道上应有防滑条；料口、平台、通道上部应设天棚。

（五）脚手架严禁钢木、钢竹混搭；长期未用的脚手架、解冻期的脚手架，在恢复使用前，必须经检查、鉴定合格后，方可重新使用。

（六）脚手架上架设的照明线必须有绝缘子或其他绝缘支撑；高度在 20m 以上的，且不在避雷保护范围内的脚手架必须设立单独的避雷针，避雷装置必须符合安全要求。

（七）脚手板的铺设应满足：满铺、平稳、牢固、无探头板；对头搭接处应设双排横杆；拐角（弯）处应交错搭接；搭接的长度应大于 20cm，与建、构筑物的立表面距离应小于 20cm；脚手板铺设后应采取加固措施，防止翘动或移位。

（八）移动式脚手架移动过程中禁止高空作业。

二、移动式脚手架的搭设要求：

（一）移动式脚手架立杆离墙面净距离宜大于 150mm；大于 150mm 时，应采取内挑架板或其他离口防护的安全措施。

（二）移动式脚手架内外两侧均应设置交叉支撑并与脚手架立杆上的锁销锁牢。

（三）在脚手架的操作层上应连续满铺与脚手架配套的挂扣式脚手板，并扣紧挡板，防止脚手板脱落和松动。

（四）脚手架必须采用连墙件与建筑物做到可靠连接。

（五）在脚手架的转角处（一字形、槽形）脚手架的顶端应增设连墙件，其竖向间距不应大于 4m。

（六）当洞口宽度为一个跨距时，应在脚手架洞口上方的内外侧设置水平加固杆，在洞口两上角加斜撑杆。

三、移动式脚手架的一般规定：

（一）移动式脚手架在使用前必须与建（构）筑物牢固地连接或将脚手架自身牢固地稳定；应将下部的滚动部分牢固地固定。

（二）脚手架在移动前，应将架上的物品（材料、物料、工器具等）和垃圾清除干净，并有可靠的防止脚手架倾倒的措施。

（三）使用移动脚手架的场地，四角必须平整，三层以上要系安全带。

（四）拆除脚手架前，应清除脚手架上的材料、工具和杂物。

（五）拆除脚手架时，应设置警戒区标志，并由专职人员负责警戒。

（六）脚手架拆除应从一端走向另一端、自上而下逐层地进行。

（七）对脚手架应设专人进行经常检查和维修工作。

人工挖孔桩安全管理规定 FSAQGL016

一、人工挖掘桩孔的人员必须经过技术与安全操作知识培训，考试合格后，持证上岗；下孔作业前，应排除孔内有害气体，并向孔内输送新鲜空气或氧气。

二、每日作业前应检查桩孔及施工工具，如钻孔和挖掘桩孔施工所使用的电气设备，必须装有漏电保护装置，孔下照明必须使用 36V 安全电压灯具，提土工具、装土容器应符合轻、柔、软，并有防坠落措施。

三、挖掘桩孔施工现场应配有急救用品（氧气等）。遇有异常情况，如地下水、黑土层、有害气体等，应立即停止作业，撤离危险区，不得擅自处理，严禁冒险作业。

四、人工挖孔桩孔口上应设置悬挂"安全绳"并随桩孔深度放绳，以备意外情况时有关人员能顺利上下，正常情况下，操作人员上下孔应乘坐吊篮或专用吊桶。

五、凡深度在 2m 以上，桩孔直径在 0.8m 以上的人工挖孔桩必须设置高度为 1 ~ 1.2m 的护身栏杆，孔口设置盖板，并在明显处设置警示标牌。

六、每班作业前要打开孔盖进行通风。深度超过 5m 或遇有黑色土、深色土层时，要进行强制通风；每个施工现场应配有害气体检测器，发现有毒、有害气体必须采取防范措施；下班（完工）必须将孔口盖严、盖牢。

七、机钻成孔作业完成后，人工清孔、验孔要先放安全防护笼；钢筋笼放入孔时，不得碰撞孔壁。

八、人工挖孔必须采用混凝土护壁，其首层护壁应根据土质情况做成沿口护圈，护圈混凝土强度达到要求以后，方可进行下层土方的开挖；必须边挖、边打混凝土护壁（挖一节、打一节），严禁一次挖完、然后补打护壁的冒险作业。

九、人工提土须用垫板时，垫板必须宽出孔口每侧不小于 1m，宽度不小于 30cm，板厚不小于 5cm。孔口径大于 1m 时，孔上作业人员应系安全带。

十、挖出的土方，应随出随运，暂不运走的，应堆放在孔口边沿 1m 以外，高度不超过 1m；容器装土不得过满，孔口边不准堆放零散杂物，3m 内不得有机动车辆行驶或停放，孔上任何人严禁向孔内投扔任何物料。

十一、凡孔内有人作业时，孔上必须有专人监护，并随时与孔内人员保持联系，不得擅自撤离岗位；孔上人员应随时监护孔壁变化及孔底作业情况，发现异常，应立即协助孔内人员撤离，并向领导报告。

装配式施工安全管理规定　FSAQGL017

一、进入施工现场必须戴安全帽，操作人员要持证上岗，严格遵守国家行业标准《建筑施工安全检查标准》JGJ 59—2011、《建筑施工扣件式钢管脚手架安全技术规范》JGJ 130—2011 和企业的有关安全操作规程。

二、吊装前必须检查吊具、钢梁、葫芦、钢丝绳等起重用品的性能是否完好。

三、遵守现场的安全规章制度；所有人员必须参加大型安全活动。

四、正确使用安全带、安全帽等安全工具。

五、特种施工人员持证上岗。

六、对于安全负责人的指令，要自上而下贯彻到最末端，确保对程序、要点进行完整地传达和指示。

七、在吊装区域、安装区域设置临时围栏、警示标志，临时拆除安全设施（洞口保护网、洞口水平防护）时也一定要取得安全负责人的许可，离开操作场所时需要对安全设施进行复位；工人禁止在吊装范围下方穿越。

八、梁板吊装前在梁、板上提前将安全立杆和安全维护绳安装到位，为吊装时工人佩戴安全带提供连接点。

九、所有人员吊装期间进入操作层必须佩戴安全带。

十、操作结束时一定要收拾现场、整理整顿，特别在结束后要对工具进行清点。

十一、需要进行动火作业时，首先要拿到动火许可证，作业时要充分注意防火，准备灭火器等灭火设备。

十二、高空作业必须保持身体状况良好。

十三、构件起重作业时，必须由起重工进行操作，吊装工进行安装。绝对禁止无证人员进行起重操作。

十四、装配斜拉撑等各种部件时，不准硬打硬地操作，不准拆东墙补西墙，发现问题及时与有关人员研究解决。

十五、发现配套件质量问题和上述质量问题及时反馈。

模板支撑系统安全管理规定 FSAQGL018

一、施工现场高处作业必须严格遵守国家行业标准《建筑施工高处作业安全技术规范》JGJ 80—91 和有关高处作业的规定、国家行业标准《建筑施工扣件式钢管脚手架安全技术规定》JGJ 130—2011 操作。

二、登高作业的架子工必须持有效的特殊工种上岗证。

三、高大模板支撑系统必须严格按照专项施组方案进行搭设。

四、进场使用的承重杆件、连接件等材料必须有产品合格证、产品备案证明、生产许可证、检测报告，经检查合格后方可使用。

五、2m以上高处作业在安全防护措施没有到位的情况下，必须正确系好安全带，扣好保险钩，严禁作业人员冒险施工。

六、在高空、负高空作业时严禁向上或向下乱抛材料和工具，防止落物伤人。

七、高支模搭设前，项目工程技术负责人或方案编制人员应当根据专项施工方案要求和有关规范、标准规定，对现场管理人员、操作班组、作业人员进行安全技术交底，交底内容应包括模板支撑工程工艺、工序、作业要点和搭设安全技术要求等内容。

八、高支模搭设时，施工单位必须要设有施工负责人进行监控，确保整个支撑系统架体必须做到横平竖直，连接牢固；支撑系统立柱接长严禁搭接，顶层小立杆搭接必须符合规范要求；应设置扫地杆、纵横向支撑及水平垂直剪刀撑，并与主体结构的墙、柱牢固拉结。

九、模板支撑系统在使用过程中，立柱底部不得松动悬空，不得任意拆除任何杆件，不得松动扣件，也不得用作缆风绳的拉结。

十、高支模应为独立的系统，严禁与塔式起重机等设施相连接，禁止与施工脚手架、物料周转料平台等架体相连接。

十一、高大模板支撑系统搭设时，技术员、施工员必须做好巡视监督工作，对搭设时与方案不符合的地方及时提出整改意见；安全监督人员则必须做好现场的安全监督工作，防止搭设时发生意外事故。

十二、支撑系统模板支护作业区域高空临边处必须设置两道安全栏杆，上栏杆高度为1.20m，下栏杆高度为0.6m，下部设置0.18m的挡脚板，内侧孔洞处应按规定张拉安全网或采取盖板封闭措施。

十三、搭设时的临时通道或作业平台必须铺设走道板并绑扎牢固，以免翘头，严禁用模板代替走道板使用。

十四、为确保施工人员上下安全，架体必须要有登高设施，并符合规范要求。

十五、高大模板搭设完毕后，必须经过安全、技术部门验收合格并挂牌后，方可进入下一步工序。

十六、高大模板拆除前，项目技术负责人、项目总监应严格执行拆除条件检查，核查混凝土同条件试块强度报告，并履行同意拆除审批签字手续。

十七、高支模拆除作业必须自上而下逐层进行，严禁上下层同时拆除作业，分段拆除时的相邻高差不应大于两层；设有附墙连接的支撑架体，附墙连接必须随架体逐层拆除，严禁先将附墙连接全部或数层拆除后再拆支撑架体。

十八、高支模拆除的模板、杆件及连接件等应由人工传递至地面，并按规格分类均匀堆放，严禁将拆卸物向地面抛掷。

十九、高支模拆除过程中应有专人指挥，地面应设置围栏和警戒标志，并派专人监控，严禁非操作人员进入作业范围。

二十、夜间施工时照明必须明亮充足，满足施工的需求。

二十一、遇大风（6级以上）、大雨、大雪严禁施工，恢复施工前应组织验收。

基坑支护安全管理规定 FSAQGL019

一、进入施工现场必须遵守安全操作规程和安全生产十大纪律。

二、严格执行施工组织设计和安全技术措施，不准擅自修改。

三、基坑开挖前，应先检查了解地质、水文、道路、附近建筑物、民房等状况，做好记录，开挖过程经常观测变化情况，发现异常，立即采取应急措施。

四、作业前要全面检查开挖的机械设备、电气设备是否符合安全要求，严禁带"病"运行，基坑现场排水、降水、集水措施是否落实。

五、作业中应坚持由上而下分层开挖，先放坡先支护后开挖的原则，不准碰损边坡或碰撞支撑系统或护壁桩，防止坍塌，未支护前不准超挖。

六、基坑周边严禁超荷载堆土、堆放材料设备，不得搭设临时工棚设施。

七、基坑抽水用潜水泵和电源电线应绝缘良好，接线正常，符合三相五线制和"一机一闸，一漏一箱"要求，抽水时坑内作业人员应返回地面，不得有人在坑内边抽水边作业，移动泵机必须先拉闸切断电源。

八、汽车运土、装载机铲土时，应有人指挥，遵守现场交通标志和指令，严禁在基坑周边行走运载车辆。

九、基坑开挖过程应按设计要求，及时配合做好锚杆拉固工作。

十、基坑开挖到设计标高后，坑底应及时封闭，及时进行基础施工，防止基坑暴露时间过长。

十一、开挖过程，如需石方爆破，应制定包括药量计算的专项安全作业方案，报公安部门审批后才准施爆，并严格按有关爆破器材规定运输、领用、存放和管理（包括遵守爆破作业安全规程）。

十二、夜间作业应配有足够照明，基坑内应采用 36V 以下安全电压。

十三、深基坑内应有通风、防尘、防毒和防火措施。

十四、作业人员必须沿专用斜道上下基坑。

窖井作业施工安全管理规定 FSAQGL020

煤气窖井、电力电缆窖井、市政窖井、电信窖井等均列入有毒有害气体及危险场所。

一、告知班组人员作业场所和工作岗位存在危险因素，熟悉《防范有毒、有害危险场所中毒等事故须知》，做到"安全意识增强、安全技能提高、安全仪器配齐、安全器材会用"。

二、安全培训施工班组人员必须经过安全生产知识专门培训、考核并取得资格证书，施工班长、现场安全管理人员、班组人员应经有毒有害气体防范指导的专门培训，并通过与所从事作业相关的安全培训、考核，取得上岗资格；不得安排未经培训考核取得上岗证的人员从事有毒有害危险场所作业，严禁班组擅自使用临时挪用人员。

三、从事有毒有害危险场所作业的班组必须随车配备以下安全设备、设施：

（一）硫化氢、氧气、可燃气体等有毒有害气体检测分析仪（严禁购置单一式有毒有害气体检测分析仪）。

（二）机械送风（排风）设备。

（三）隔离式呼吸保护器具。

（四）必要的通信工具和抢救器具（梯子、绳缆等）。

四、作业安全措施：

（一）作业前应采取充分的通风换气措施，并经有毒有害气体检测分析合格，方可下井作业，作业过程中要不间断通风换气并适时进行检测分析。

（二）安排经过培训、责任心强、熟悉情况的人员在井上实施监护，密切监视窨井内的作业状况，防止突发情况对人员的危害。

（三）下井作业人员必须高度警惕有毒有害气体对人体的伤害，认真做好个人防护，下井作业时必须严格遵守安全技术规范中的规定，一人作业一人监护，发现异常情况，应及时采取有效措施，需要下井抢救人员时，必须系好绳缆，必须使用隔离式呼吸保护器具（严禁使用过滤式面具）方可下井施救。

（四）针对受作业环境限制而不易达到充分通风换气的场所，作业人员必须配备并使用空气呼吸器或软管面具等隔离式呼吸保护器具（严禁使用过滤式面具）；发现硫化氢等有毒有害气体危险时，必须立即停止作业，迅速报告相关部门，同时督促作业人员迅速撤离作业现场，并做好警示标志，防止其他作业人员误入，造成危害。

（五）一旦发生中毒、窒息等事故，要尽快将中毒或窒息者就近送到有高压氧舱的医院进行抢救治疗。

（六）无论固定还是临时作业必须在窨井周围（四面）设置醒目的安全防护栏和警示标志，并根据要求在作业现场设置安全作业牌，告示作业单位名称、作业地点、备案审核部门、现场作业负责人、现场安全员、有毒有害检测情况、检测人、单位联系电话、举报电话等，警示标志的内容应明确"危险场所！未经批准严禁无关人员入内"。

脚手架搭拆、使用安全管理规定 FSAQGL021

脚手架在建筑施工中要有足够的面积，能满足工人操作、材料堆置和运输的需要，同时还要求坚固稳定，能保证施工期间在各种荷载和气候条件下不变形、不倾斜和不摇晃。脚手架工程多属高处作业，其安全技术要求主要有：

一、必须有完善的安全防护措施，要按规定设置安全网、安全护栏、安全挡板以及吊盘的安全装置等；10m 以上的脚手架最好在操作层下面留设一步脚手板以保证安全，否则应在操作层下张设安全网或采取其他安全措施。

二、上下架子，要有保证安全的乘人吊笼、扶梯、爬梯或斜道。

三、吊、挂脚手架使用的挑梁、桁梁、吊架、钢丝绳和其他绳索，使用前要作荷载检验，均必须满足规定安全系数，升降设备必须有可靠的制动装置。

四、必须有良好的防电、避雷装置，钢脚手架等均应可靠接地，高于四周建筑物的脚手架应架设避雷装置。

五、必须按规定设剪刀撑和支撑，高于 7m 的架子必须和建筑物连接牢固，保证架子不摇晃。

六、脚手板要铺满铺稳，不得留空头板，保证有 3 个支撑点，并绑扎牢固。

七、架体搭设和使用过程中，须随时进行检查，经常清除架上的垃圾，注意控制架上荷载，禁止在架上过多堆放材料和多人挤在一起。

八、在砌筑、抹灰、安装装饰过程中不得任意拆除连墙件（包括柔性连接、抛撑等），不得不拆除的连墙件要及时恢复或在旁边补设；金属材料、大理石等重物禁止集中堆放。

九、暂停工程复工和风、雨、雪后应对脚手架进行详细检查，发现有立杆沉陷、悬空、接头松动、架子歪斜、桁架或吊钩变形等情况应及时处理。

十、遇有 6 级以上大风或大雾、大雨，应暂停高处作业，雨、雪后上架操作要有防滑措施。

模板安装与拆除安全管理规定 FSAQGL022

一、进入施工现场人员必须戴好安全帽，高空作业人员必须佩带安全带，并做到高挂低用系牢固。

二、经医生检查认为不适宜高空作业的人员，不得进行高空作业。

三、模板安装应遵守下列规定：

（一）作业前应认真检查模板、支撑等构件是否符合要求，钢模板有无锈蚀或变形，木模板及支撑材质是否合格。

（二）地面上的支模场地必须平整夯实，并同时排除现场的不安全因素。

（三）工作前应先检查使用的工具是否牢固，扳手等工具必须用绳链系在身上，钉子必须放在工具袋内，以免掉落伤人；工作时要思想集中，防止钉子空中滑落。

（四）安装与拆除 2m 以上的模板，应搭脚手架，并设防护栏杆，防止上下在同一垂直面操作；支设高度在 3m 以上的模板，四周应设斜撑，并应设立操作平台；如柱模在 6m 以上，应将几个柱模连成整体。

（五）操作人员登高必须走行梯道，严禁利用模板支撑攀登上下，不得在墙顶、独立梁及其他高处狭窄而无防护的模板面上行走。

（六）二人抬运模板时要互相配合，协同工作；传递模板、工具应用运输工具或绳子系牢后升降，不得乱抛；组合钢模板装拆时，上下应有人接应。钢模板及配件应随装拆随运送，严禁从高处掷下，高空拆模时，应有专人指挥及监护；并在下面标出工作区，用红白旗加以围拦，暂停人员过往。

（七）不得在脚手架上堆放大批模板等材料。

（八）支撑、牵杠等不得搭在门窗框和脚手架上；道路中间的斜撑、拉杆等应设在 1.8m 高以上；模板安装过程中不得间歇，柱头、搭头、立柱顶撑、拉杆等必须安装牢固成整体后，作业人员才允许离开。

（九）模板上有预留洞者，应在安装后将洞口盖好。

（十）基础及地下工程模板安装，必须检查基坑土壁边坡的稳定状况，基坑上口边洞1m以内不得堆放模板及材料；向槽（坑）内运送模板构件时，严禁抛掷；使用溜槽或起重机械运送，下方操作人员必须远离危险区域。

（十一）高空、复杂结构模板的安装与拆除，事先应有切实的安全措施。

（十二）遇六级以上的大风时，应暂停室外的高空作业，雪、霜、雨后应先清扫施工现场，略干不滑时再进行工作。

四、模板拆除应遵守下列规定：

（一）模板必须满足拆模时所需混凝土强度的试压报告，并提出申请，经工程技术领导同意，不得因拆模而影响工程质量。

（二）拆模的顺序和方法：应按照后支先拆、先支后拆的顺序；先拆非承重模板，后拆承重的模板及支撑；在拆除小钢模板支撑的顶板模板时，严禁将支柱全部拆除后，一次性拉拽拆除；已拆活动的模板必须一次连续拆除完，方可停歇，严禁留下安全隐患。

（三）拆模作业时，必须设警戒区，严禁下方有人进入；拆模作业人员必须站在平稳牢固可靠的地方，保持自身平衡，不得猛撬，以防失稳坠落。

（四）严禁用吊车直接吊除没有撬松动的模板，吊运大型整体模板时必须拴结牢固，且吊点平衡，吊装、运输大钢模时必须用卡环连接，就位后必须拉结牢固方可卸除吊环。

（五）拆除电梯井及大型孔洞模板时，下层必须支搭安全网等可靠防坠落措施。

（六）拆除模板一般用长撬棒，人不许站在正在拆除的模板上，在拆除楼板模板时，要注意模板掉下，尤其是用定型模板作平台模板时，更要注意，拆模人要站在门窗洞口外拉支撑，防止模板突然全部掉落伤人。

（七）拆除高墩身模板时，拆除模板和操作平台应分离，不得相互连靠。

（八）在组合钢模板上架设的电线和使用电动工具，应用 36V 安全电压或采取其他有效的安全措施。

（九）装、拆模板时禁止使用 50mm×100mm 木材、钢模板作立人板。

（十）高空作业要搭设脚手架或操作台，上、下要使用梯子，不许站立在墙上工作，不准在大梁底模上行走。操作人员严禁穿硬底鞋及有跟鞋作业。

（十一）装拆模板时，作业人员要站立在安全地点进行操作，防止上下在同一垂直面工作；操作人员要主动避让吊物，增强自我保护和相互保护的安全意识。

（十二）拆模必须一次拆清，不得留下无撑模板。拆下的模板要及时清理，堆放整齐；混凝土板上的预留孔，应在施工组织设计时就做好技术交底（预设钢筋网架），以免操作人员从孔中坠落。

五、封柱子模板时，不准从顶部往下套。

六、禁止使用 50mm×100mm 木料作顶撑。

后　　记

说起编写本书的缘由，首先应从我学的美术专业谈起，本人具备美术创作能力，坚持业余时间创作，且一直从事建筑施工技术工作，具有近 10 年的建筑施工安全管理经验。

一个偶然的机会，我在中铁四局集团安全处赵南平（安全专家）引导推荐下，参与合肥市质安站建筑施工安全教育漫画绘制，后来感到市场上出版的安全生产教育漫画书籍，良莠不齐，不能贴近建筑施工一线安全教育和安全管理，不能起到真正的安全教育作用。于是我一边寻找绘画专业表达形式，一边取得国家注册安全工程师执业资格证书，从安全、绘画专业角度专注于安全教育漫画创作。

2012 年 10 月，受合肥市质安站魏邦仁、章超邀请，根据典型真实事故进行《事故案例读本Ⅰ》的绘制；该读本印刷投放合肥建筑工程施工现场后，得到的反馈是：绘图真实，可信性强，贴近一线施工生产，能真正起到安全教育作用。这激发了我进一步创作安全教育漫画的信心。于是，经过将近一年时间的努力，才有了眼前这本《建设工程典型安全事故案例图析》小册子。希望建筑施工广大从业人员阅读过这本小册子后，安全防范能力和安全意识能够有所提高，尽量避免和减少安全事故的发生，这也是我编写这本小册子的初衷。

下一步打算：坚持服务于建设工程一线从业人员的安全教育、培训，在桥梁、隧道、既有线施工和大型机械操作等事故多发领域，结合施工现场安全管理经验、安全技术知识，深入展开漫画创作研究，推出一系列可视化、形象化的安全教育漫画作品。

欢迎大专院校安全工程专业、动漫专业尤其是安全文化领域的专家和我（QQ:916132525）联系，共同学习、交流、研究，通过漫画这种简单、直接、有效的表达形式来普及建设工程领域的安全知识教育，为我国的安全文化领域建设做出自己的努力。